《正大综艺·动物来啦》节目组／组编
李磊白　朱德华　任艳／改编

CCTV
中央广播电视总台央视综合频道
央视创造传媒

时代出版传媒股份有限公司
安徽少年儿童出版社

图书在版编目（CIP）数据

正大综艺·动物来啦. 动物界的伪装大师 /《正大综艺·动物来啦》节目组组编；李磊白，朱德华，任艳改编. — 合肥：安徽少年儿童出版社，2024.10
ISBN 978-7-5707-1738-5

Ⅰ. ①正… Ⅱ. ①正… ②李… ③朱… ④任… Ⅲ. ①动物 – 儿童读物 Ⅳ. ①Q95-49

中国国家版本馆CIP数据核字（2024）第048464号

ZHENGDAZONGYI DONGWU LAILA DONGWU JIE DE WEIZHUANG DASHI

正大综艺·动物来啦·动物界的伪装大师

《正大综艺·动物来啦》节目组/组编
李磊白　朱德华　任艳/改编

出 版 人：李玲玲　　策划编辑：唐　悦　　责任编辑：邵雅芸　唐　悦
责任校对：于　睿　　美术编辑：唐　悦　　内文摄影图：壹图网　视觉中国 等
内文插画：冯　文　　印　　制：朱一之
出版发行：安徽少年儿童出版社　E-mail:ahse1984@163.com
新浪官方微博：http://weibo.com/ahsecbs
（安徽省合肥市翡翠路1118号出版传媒广场　邮政编码：230071）
出版部电话：（0551）63533536（办公室）　63533533（传真）
（如发现印装质量问题，影响阅读，请与本社出版部联系调换）
印　　制：安徽新华印刷股份有限公司
开　　本：787 mm × 1092 mm　1/16　印张：9　字数：111千字
版　　次：2024年10月第1版　2024年10月第1次印刷

ISBN 978-7-5707-1738-5　定价：40.00元

关爱生命，是最正大无私的奉献

爱是 Love，爱是 Amor，爱是 Rarc
爱是爱心，爱是 Love
爱是人类最美丽的语言
爱是正大无私的奉献

这首伴随我们成长的歌曲，令我们回想起 20 世纪 90 年代初开播的中央广播电视总台综艺节目——《正大综艺》！更让我难以想象的是，我竟然为这一节目前前后后工作了近 5 年！如今，呈现在广大读者面前的这套书——《正大综艺 · 动物来啦》，正是过去近 5 年来，该节目制作内容的科普总结。

2017 年仲夏，著名主持人、节目制作人暨《正大综艺》节目负责人王雪纯老师来国家动物博物馆找我。彼时，她正在制作另外一档大型科学实验节目——《加油！向未来（第二季）》（以下简称《加油》）。原本，她主要谈及将一些动物请到《加油》节目里充当“演员”，也给“科学实验”增添动物元素，但是我始终担心，如果把动物引入节目现场，以操作实验的形式展示给观众似乎不妥，毕竟它们是生命，很难像机械那般随意操控。

王雪纯老师甚为谦逊，非常认同我的观点，她特别想做一些关于动物的科普节目，当即表达了希望未来可以合作动物科普节目的愿望。老实讲，我当时就是那么一听，以为她也就是这么一说而已。

殊不知，过了一两个月，王雪纯老师带着团队主创人员再次亲临国家动物博物馆，盛情地邀请我作为她的新节目《正大综艺·动物来啦》的常驻嘉宾，我简直不敢相信自己的耳朵。我竟然有机会成为我小时候观看的电视节目的嘉宾！

就这样，经过一段时间的筹备，2017 年 12 月 14 日，我和北京动物园饲养管理员杨毅兄一同成为《正大综艺·动物来啦》节目的嘉宾，来到北京市丰台体育中心摄影大棚，与主持人高博老师及几组家庭一道，正式开始录制该节目。一直到 2022 年 4 月节目停播，《正大综艺·动物来啦》前后录制了近 200 期。后来，《正大综艺》改版为聚焦全国首批乡村旅游重点镇的推介节目，我仍然有幸继续担任嘉宾；直到今天，我还会偶尔去节目中“嗨”上一把！

毫无疑问，《正大综艺·动物来啦》丛书是该节目的“顺产儿”——电视节目配图书出版，这似乎是中央广播电视总台的传统。我小时候就买过《动物世界》一书，王雪纯老师还出版过《加油！向未来》丛书。书中最精彩的内容，通常便是节目中最精彩的内容。这得益于王雪纯老师坚强而直接的领导，以及制片人、总导演、导演、主持人、竞猜选手的共同努力！

既然是科学节目，既然是科普读物，那么，它的科学性必将是第一位的！在科学性、趣味性甚至收视率面前，王雪纯老师依然是一位坚定的科学主义者；她从来没有为了收视率而妥协、折中，放弃与科学相关的元素及一切有科学价值的东西。这一点，我着实钦佩她！

首先，我和杨毅兄都认为拍摄中国本土动物是首要任务，宣传介绍中国土生土长的野生动物是节目的首选！这一点，王雪纯老师对所有导演都反复强调，竭力提升每一位导演的思想意识。

其次，关于动物名称的规范——中文名和拉丁文学名之使用，很多科普节目、科普读物都不太在意这个动物叫什么，也不爱使用学名：细尾獴被称作狐獴，狨和猬（xū）被笼统地叫作狨或柽（chēng）柳猴、绢毛猴，鹀鸮（tuǒ kōng）习惯性地被称为巨嘴鸟……但正是我和杨毅兄的坚持，才使整个节目组都非常认真地与我们确定了动物的名称、叫法。尽管有的时候我们也认为没必要那么苛刻，但既然决定按照传统的、规范的、专业的来，那么无论是科学顾问，还是制片人、导演，都会把科学性、专业性放在第一位！王雪纯老师再一次强有力地支持了我们，她常对导演们说："这些问题要听专家的！"这充分体现了王雪纯老师对我们的尊重，也令我们对她倍加敬重！

再次，王雪纯老师对我们反复强调，《正大综艺·动物来啦》就是希望改变观众或读者一贯的错误思维、荒谬认知，她甚至说："不要总是你以为的就是你以为的。"事实上，我们每个人都不能想当然，做节目、做书都是这样，要摆事实、讲道理，更要拿出科学数据或科学证据来证实或证伪。总之，做科学节目或做科普读物，都要有科学精神——实事求是，决不人云亦云。所以，《正大综艺·动物来啦》甚至成为"辟谣"节目，匡正错谬，以正视听！不过，《正大综艺·动物来啦》毕竟是一档综艺节目，所以，趣味性非常重要且不可或缺！不仅是导演们选择的动物要有趣，而且要深度挖掘动物及其与饲养员之间的故事。有说相声功底的杨毅兄更是以他独特、幽默的表达方式解析了各种动物的有趣行为。我们非常尊敬的主持人高博老师，在台上逻辑清晰、反应敏捷、知识面广且极为风趣幽默，为节目平添了十足的活跃感。这些有趣、好玩、寓教于乐的知识点，也同样呈现在了这套书中！

最后，我想说的是，这档节目及这套书的价值取向和情感输出。每一个生命都值得尊重，每一种动物都是平等的，每一个物种都在生态系统中发挥着不可替代的作用！我们展现在大家面前的动物，是有情感的、是美的，是值得我们每个人去欣赏、去热爱、去关心甚至要以行动去保护的。

我们非常注重“升华”，但绝不是做作的、刻意为之的。在动物园生活的动物，它们有故事，有与饲养员的感情交流。我记得在录制北京动物园的中美貘、南美貘那一期时，在场的人几乎都被饲养员精心照顾它们的故事感动得潸然泪下。在自然保护区或国家公园生活的野生动物，它们顽强生存的精神，也值得我们去体会、感悟。

我记得我在节目后期说的最多的话就是，我们国家的生态文明建设关乎每一位老百姓的生存与生活；我们现在正在从事以国家公园为主体的自然保护地体系建设，就是要保护、修复野生动物赖以生存的栖息地，让生物多样性得以延续；这归根结底是为了人与自然和谐相处，建设美丽中国，造福人类！

时间过得真快，三四年前，节目录制面临着各种困难和挑战；但不论是节目组，还是直接领导节目的“央视创造传媒”乃至正大集团江吉雄先生等诸位领导，都全力以赴、攻坚克难，将节目尽可能制作得令大家满意。

今天，当我看到《正大综艺·动物来啦》这套书的时候，每一期生动有趣的节目又展现在我的面前。我和杨毅兄都难以忘怀，我们和导演们对题、对台本的日日夜夜——4年多来，我俩每周都会有一个晚上要去“央视创造传媒”“上班”。

这套书的出版得益于节目的总策划，以及制作节目的制片人和导演、出版社编校人员的辛勤付出。遗憾的是，我并没有具体撰写本书的文字，但书里的每一个字对我而言又是那么亲切。希望大朋友、小朋友们能像喜爱节目那样，喜欢并支持这套书。

读万卷书，行万里路。从书中汲取养分，再回归荒野，回到大自然中探寻生命之伟大与神奇。最终，以我们的行动去保护、关爱、关注这些生灵——因为爱，是正大无私的奉献！

是为序。

张劲硕

博士、研究馆员、研究员

国家动物博物馆馆长

2024 年 9 月 13 日

目录

动物界的“左撇子”

在生活中，你是否见过这样的画面：当你伏案学习，用右手握笔写字时，你的同桌偏要用他的左手写字，和你争抢有限的空间。这些习惯用左手的人被我们称为“左撇子”，据统计，左撇子的人数约占人群总数的 10%。那么在动物中，左撇子也占少数吗?

南京大学动物行为与保护实验室副教授李忠秋的团队，最近正在研究动物左右利手的问题。他们在南京市红山森林动物园展开调查，调查对象是和人类同属灵长类的川金丝猴“重阳”“二万”和“小萌”。

在第一轮测试中，饲养员将三只川金丝猴分别关在不同的笼子里并进行投喂。如果它们三次都使用同一只手，就表明它们有惯用某只手的倾向。经过观察发现，重阳每次都用右手，二万每次都用左手，而小萌是左右手都使用。

接着，第二轮测试开始了。这次，饲养员提升了难度，把食

川金丝猴的脸部是淡蓝色的，和身上的金色茸毛形成了鲜明对比。

物藏在编织包里，川金丝猴要想吃到食物，需要两手配合，最终掏出食物的那只手会被认定为它的惯用手。

重阳在这次测试中使用的还是右手，它的惯用手基本可以确定为右手；二万使用的还是左手；小萌虽然两只手都有使用，但更偏向右手。可见，利手现象在灵长类动物中是真实存在的。

那么，猴类的利手现象是个体行为还是群体偏好呢？李老师的团队又对33只猕猴进行了264次取食统计测试。结果显示，明显左利手的猕猴有15只，明显右利手的有11只，混合利手的有7只。也就是说，群体利手偏好的可能性被排除了。

综合这两次利手测试统计结果，团队成员认为，其他灵长类动物出现左利手的概率大于人类。除了灵长类，李老师的团队还对中华绒螯蟹的利手行为进行了深入研究。那么，我们的问题来啦！

请判断

中华绒螯蟹也有利手现象。

A. 真的　B. 假的

嘉宾观点

小泽：我认为是真的。比如，有的招潮蟹左边“钳子”更大，而有的右边“钳子”更大，它应该善于用更大的。

小玉：我认为是真的。螃蟹是横着走的，不是冲着左边就是冲着右边，这可能跟利手现象有一定关系。

小丽：我认为是真的。只要是身体左右差不多对称的动物，都存在用左还是用右的问题，所以螃蟹的两个“钳子”肯定也分哪一边用得多，哪一边用得少。

原来如此

我们发现，小螃蟹的左右螯肢在大小上没有区别，用仪器测量后发现，在力量上也没有太大差异。但是，大螃蟹的右侧螯肢比左侧螯肢力量略大，也就是说，它们也是存在利手现象的。

张博士的科学小课堂

螃蟹有利手现象，这可能跟它们的取食习惯有关。刚才小泽还提到了招潮蟹，招潮蟹的“钳子”是一大一小的，它们吃东西时用小的，打架时用大的，两个“钳子”的功能不一样。高等灵长类动物的大脑非常发达，掌管手的大脑皮层也不一样，所以在用手这件事上也是有差异的。大多数人并非天生使用右手多过左手，但我们的文化应用到实际中会不断强化右手的功能，如古人书写是从上向下，从右向左，久而久之，很多习惯都要求我们用右手了。

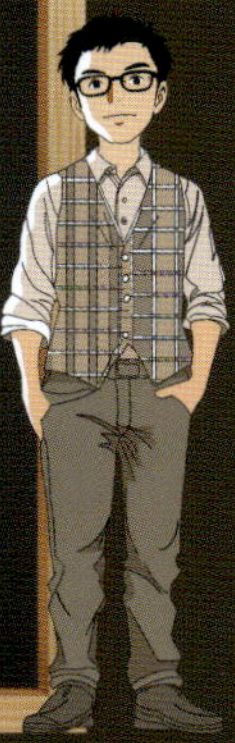

主持人： 我们曾多次报道过动物的降生，例如长颈鹿妈妈生下小长颈鹿后，小长颈鹿奋力地用四肢站立起来。今天我们要去看看北极熊，在它的身上，会发生什么有趣的故事呢?

北极熊宝宝出生记

泉城欧乐堡海洋极地世界里有一只雌性北极熊，名叫“莎莎”。饲养员和游客都很喜欢它。

有一天，莎莎显得格外焦躁，它在笼舍里来回踱步，时不时还发出低吼声。原来，莎莎要当妈妈了，它的预产期临近！要知道，人工饲养的北极熊怀孕的概率并不大，生育的成活率也极低，所以，极地世界的饲养员对怀孕的莎莎非常重视，大家寸步不离地守在它身边，静静地等待小生命的降临。

时间一分一秒地过去，莎莎虽然还是很烦躁，但走动的频率渐渐变低了。饲养员心急如焚却又不敢打扰，他们静静地通过监控观察情况。产房内，莎莎安静下来。忽然，一团深棕色的东西从莎莎身上掉出来——宝宝终于降生了！饲养员高兴坏了，他们兴奋地观察着地上的宝宝，喜悦的表情挂在每个人的脸上。

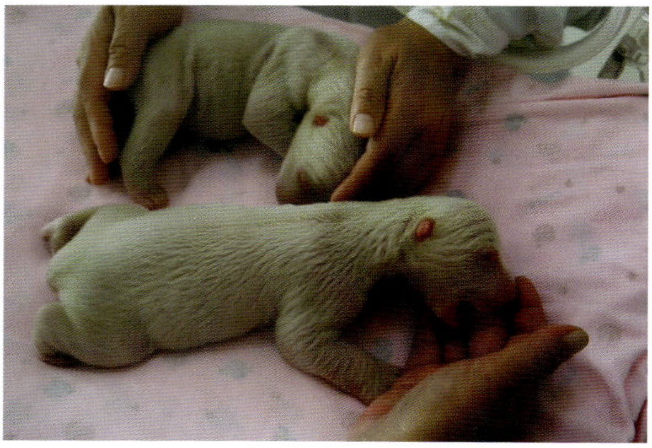

保育箱中的北极熊宝宝

很快，饲养员就发现了一个棘手的问题：莎莎的母性表现并不好，它不想抚养宝宝。他们等了许久，莎莎只是凑到宝宝身边闻了闻，转了个圈就走开了。

此时的北极熊宝宝刚刚降生，身体极度虚

弱。没办法，饲养员决定实施人工育幼。但是，怎么从莎莎身边带走刚出生的宝宝呢？即便莎莎的脾气再好，也是一只有攻击性的大型猛兽啊！好在身经百战的饲养员了解莎莎的习性，他们为莎莎准备了一大堆好吃的，想通过“调熊离山计”把宝宝抱出来。

丽莎和路卡姐弟

一开始，莎莎对饲养员准备的食物并不感兴趣，独自缩在产房一角，宝宝就待在它的身边，发出轻轻的叫声。过了一会儿，莎莎好像饿了，对饲养员准备的食物产生了兴趣，晃晃悠悠地走出了产房……看来，“调熊离山计”成功了！

就在莎莎吃东西的当口儿，两位饲养员争分夺秒地冲进产房，用柔软的毛巾迅速把宝宝抱了出来。

就在饲养员把宝宝放进保育箱，为它仔细擦拭身体时，产房里又传来了动静——莎莎的第二个宝宝降生了！怎奈莎莎依然不想好好扮演母亲的角色，饲养员只好故伎重施，再一次抱出了宝宝。

两个小家伙终于在保育箱里相遇了，它们是一对姐弟，饲养员还给它们起了好听的名字——“丽莎”和“路卡”。它们在饲养员的抚摸中完成了第一次排便，还喝上了“熊生”第一口奶。只要在保育箱里待上两个月，它们就可以走出保育箱，开启新的生活啦！

丽莎和路卡在饲养员的精心照顾下慢慢长大。两只小北极熊给海洋极地世界带来了许多欢乐和人气。饲养员也收获满满，他们在北极熊的育幼工作中积累了丰富的经验，这是他们最开心的事。

请判断

人工育幼的北极熊宝宝可以后天自学游泳。

A. 真的　B. 假的

嘉宾观点

小宇：我认为是真的。北极熊应该能培养出自学游泳的能力。

小玉：我认为是真的。北极熊宝宝会游泳是它基因里自带的，是它生存能力的体现。

小浩：我认为是真的。就算是人工育幼的北极熊也应该会这项本领。

原来如此

北极熊宝宝逐渐长大后，饲养员会带领它们下水活动。通过后天自学，北极熊宝宝很快就能掌握游泳技能。长大后，它们还会成为不折不扣的游泳健将呢！

张博士的科学小课堂

北极熊属于熊科动物，它们并非都会游泳，游泳的技能大多是后天习得的。北极熊宝宝刚出生时身体比较虚弱，这个时候游泳会有生命危险，所以需要通过后天不断地练习，才能学会游泳这项本领，并逐渐得到完善和提高。

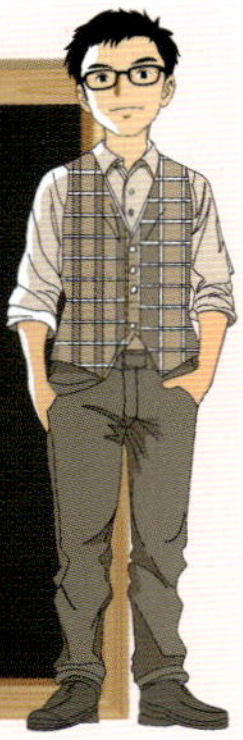

资深科普达人杨毅：北极熊妈妈的母乳及其自然生长环境都是人工无法复制的，所以人工育幼北极熊其实是不得已而为之。在野外，北极熊的主要食物是海豹和鲸的尸体，这两种食物中的脂肪含量非常高，所以人工育幼北极熊使用的配方奶里，乳脂含量也很高。此外，饲养员还要保证北极熊宝宝能更好地吸收和消化，这样它们才能健康地成长。

正确答案是A，你答对了吗？

主持人：我们听说过很多人体养生之法，是靠模仿动物的形态总结出来的，比较有名的有“五禽戏”。今天的《动物生存大讲堂》，我们可没有邀请虎、鹿、熊、猿、鸟这“五禽”，而是找来了螳螂老师，看看它都教授了些什么吧！

动物界的伪装大师

在马来西亚的一片亚热带雨林里，一场捕食者与被捕食者之间的战争正悄无声息地上演。

一只蝉正在树枝上鸣叫，它根本没有注意到身后的一片枯树叶。是呀，谁会在意一片枯树叶呢？

可是，那并不是一片真正的枯树叶，而是一只勾背枯叶螳螂——因形似枯叶而得名。由于它摇摆身体的动作与被风吹拂的枯树叶如出一辙，因此猎物很难发现它的存在。

蝉根本不知道危险正在步步逼近。很快，这位优秀的拟态猎手以迅雷不及掩耳之势捉住了蝉。这场战役以螳螂的胜利告终，它真不愧是动物界的伪装大师！

在枯叶上静静等待猎物上钩的勾背枯叶螳螂

勾背枯叶螳螂生活在马来西亚及菲律宾等地，是优秀的拟态猎手。

这种伪装在生物学术语中叫拟态，是指某些动物的形态、斑纹、颜色等跟另外一种动物、植物或周围的环境相似，以保护自身或偷袭猎物的现象。

其实，勾背枯叶螳螂能捕获猎物，不仅靠它这身“枯叶铠甲”，还靠它强大的视觉能力。它大大的复眼负责精确锁定猎物，判断好距离和移动速度后，有锋利锯齿的捕捉足便会快速出击，将猎物控制住。这一套流程操作下来可谓“稳、准、狠”，碰到这样的拟态猎手，猎物只能“一入螳口，有去无回”啦！

最后要强调一点，可别以为勾背枯叶螳螂是主动出击型猎手，其实，大部分时间它都在等待猎物上钩。毕竟，心急吃不了热豆腐，有足够的耐心才能稳中求胜！

作为本期《动物生存大讲堂》的主讲老师，勾背枯叶螳螂要给同学们留一道作业题，接下来，请大家认真答题吧！

请答题

勾背枯叶螳螂张开前翅、露出腹部的动作是在做什么？

A. 威慑　B. 求偶　C. 散热

嘉宾观点

小泽： 我选 B。像这种伪装型的螳螂在遇到天敌时，要么逃跑、要么原地装死，露出这种醒目的颜色，一般是为了求偶。

安安： 我选 B。它张开翅膀并且露出腹部，暴露了它的目的，就是为了求偶。

小张： 我选 A。我之前养过菱背枯叶螳螂，看它做过张开翅膀的动作，后来我查资料发现，它是通过让自己显得更大来威吓对手的。

原来如此

强大的猎手自然有强大的自保能力。除了伪装自保，勾背枯叶螳螂还会张开前翅，用夸张的姿势恐吓天敌。黑与白相间的水滴型图案似是在向对手发出警示：别轻举妄动，我可是很危险的哟！

张博士的科学小课堂

虽然勾背枯叶螳螂擅长伪装，但这种伪装并不是保护色，而是在隐蔽自己，让它的捕食对象发现不了自己。通过人们常说的“螳螂捕蝉，黄雀在后”这则成语，可以看出螳螂虽然实力很强，但在面对鸟类等天敌时，也是束手无策的，所以它用自己的后翅——前翅下类似眼斑的图案来威慑对方。

用前翅醒目的图案恐吓天敌

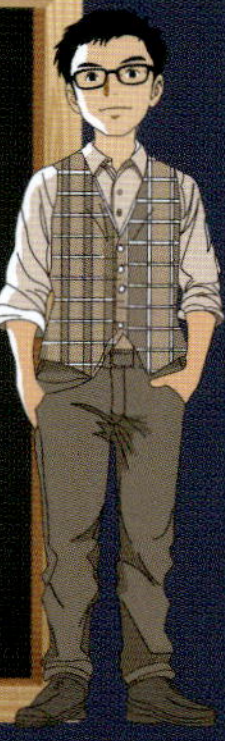

资深科普达人杨毅： 温度是影响昆虫生长发育和繁殖的重要因素。昆虫的角质层被称为“外骨骼”，外骨骼没有自我调节温度的能力，所以螳螂张开前翅的直接原因不是求偶和散热，而是威慑。

正确答案是 A，你答对了吗？

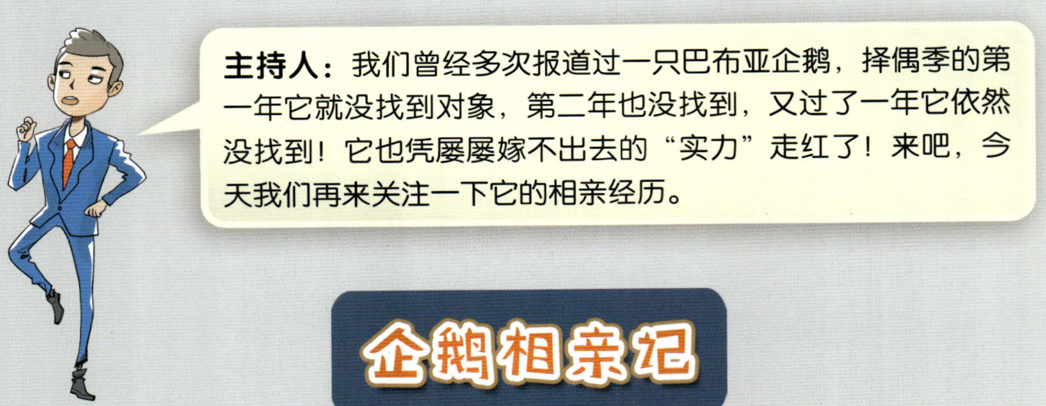

企鹅相亲记

“豆豆”是一只小有名气的雌性巴布亚企鹅。它的相貌和别的雌企鹅不太一样——前额的毛特别少，浅灰色的外衣也显得十分另类，这使它看上去很像“老太太”。不过，豆豆出名不仅因为前额的毛特别少，还因为它多年没有配对成功，是企鹅群里典型的“大龄剩鹅”。

海洋馆里的企鹅每年都有一次“相亲大会”，工作人员会提前为企鹅搭建好新家——用隔板隔出一个个小房间。相亲大会一开始，饲养员打开闸门，一只只雄企鹅便你追我赶地奔向它们心仪的雌企鹅。一对对企鹅组成了新的家庭，但豆豆依旧形单影只地伫立在那里。

相亲大会结束后，雄企鹅会领着心仪的雌企鹅抢占小房间，并在这里生儿育女。可能是因为前额的毛特别少，到现在还没有一只雄企鹅看上豆豆。五年了，孤单的豆豆嘴上不说，心里却很失落，它比之前更依赖饲养员了。

豆豆和它的宝宝

不过，在今年的相亲大会上，事情发生了转机。一只雄企鹅似乎看上了豆豆，它一直围着豆豆转，还因为豆豆喜欢跟着饲养员而吃醋呢——雄企鹅用它的嘴巴不停地戳着饲养员的腿，好像在说："你快走开，别和我抢豆豆，豆豆都看不到我了！"

也许是雄企鹅的诚心打动了豆豆，豆豆很快就接受了它："好吧，本姑娘也不想太矜持了，其实我也有点喜欢你呢！"

不幸的是，饲养员为豆豆准备的小房间被其他企鹅侵占了——石头被偷走了，食槽也被抢走了。无奈之下，饲养员把豆豆夫妇带到了帽带企鹅的繁育场，豆豆这才有了安居的地方。

有了另一半的豆豆性情发生了很大变化。它不再像之前那样总是跟着饲养员了，而是把更多的精力放在自己的小家中，当饲养员给它清洗房间时，豆豆甚至还有些不高兴，一个劲儿地要赶走饲养员。沉浸在幸福中的豆豆不久便产下了企鹅蛋，当上了妈妈。你瞧，豆豆又有话要说了："摄影师，拍摄完我的生活现状就请远离吧，这可是我的'私鹅空间'！连过去照顾我出生的饲养员也别想轻易打扰我的生活，我要开启我的幸福'鹅生'啦！"

请答题

巴布亚企鹅夫妇是如何孵蛋的？

A. 由雄性企鹅孵化　B. 由雌性企鹅孵化

C. 由雄性和雌性轮流孵化

嘉宾观点

小泽：我选 B。我记得有一种企鹅从孵化到抚养小企鹅，整个过程都有雌性的参与。

安安：我选 A。企鹅蛋是雄性孵化的，因为孵化企鹅蛋是个耗费体力的过程，需要用腹部保温，在行走、移动过程中，雄性企鹅要时刻保护好企鹅蛋。

原来如此

巴布亚雌性企鹅一次会产 1~2 枚蛋，产前它们几乎不进食，产后，蛋先交由雄性企鹅孵化，等雌性企鹅吃饱饭回来后，夫妻俩再轮流孵蛋，直到宝宝出生。

张博士的科学小课堂

在企鹅家族中，完全由雄性完成孵化工作的只有帝企鹅。雌性企鹅在群体当中是“宝贵的资源”，所以我们不用过多担心雌性企鹅找不到对象。野外的生存条件比较恶劣，雌雄共担孵化重任，对种群的延续有极大的好处，所以巴布亚企鹅是雄性和雌性轮流孵蛋。

资深科普达人杨毅：亲鸟在照顾幼鸟期间不仅会轮流孵蛋，还会去捕食；在保证自己的营养后，它们会抓紧把自己的嗉囊填满，再哺育幼鸟。一些岛屿型企鹅及温带企鹅因为种群数量庞大，筑巢资源缺乏，繁殖相当不易，所以亲鸟对幼鸟的照顾往往是无微不至的。

正确答案是 C，你答对了吗？

英姿飒爽的大白

主持人：如果让你用一个形容词来形容孤狼，你会想到什么？是英勇还是悲壮？接下来，我们要去看一群小孤狼，眼下最令人牵挂的，就是它们到底会住在哪儿。

为了十四只小狼

2020 年 5 月，因为鄂尔多斯野生动物园中的一些母狼不愿意哺育小狼，饲养员只好将这些小狼抱走，进行人工育幼，否则小狼将很难平安长大。

三个月过去了，这十四只狼宝宝已经变成了活蹦乱跳的小狼。饲养员觉得这些小狼不适合再待在笼子里，要给它们找一个新居所！那里必须有高大的乔木、低矮的灌木，还需要有山沟、巨石等丰富的景物环境，有适合小狼躲避的空间，将来这些小狼还会在那里组建独立的狼群。

到哪里去寻找这样的地方呢？饲养员决定先在野生动物园里努力寻找适合这些小狼生存的空间。经过多次实地查看，饲养员终于给小狼找到了一处合适的新家——在约 33 万平方米的半散养狼展区内，规划出一处3000平方米的区域。这里有丰富的植被和地形，而且和大狼的生活区接近，能让小狼快速学习生存技能。

搬家在即，有一只名叫“大白”的小狼显得蠢蠢欲动。你还别说，这大白真聪明，它好像从饲养员的话中猜到了什么，眨巴着眼睛盯着饲养员。大白身体健硕，好奇心重，喜欢探寻新鲜事物。按照饲养员的判断，大白在将来可能会成为这群小狼的头领。

可是，搬家那天，大白的表现却让饲养员有些失望：别的小狼在打开笼门后，都兴高采烈地走出来，在新环境试探、玩耍，可大白躲在笼子里，迟迟不肯出来。它耷拉着脑袋，一副小心翼翼的模样。

难道饲养员看错了大白？

“大白，快出来。”饲养员呼喊道。

看着耐心等待的饲养员，看着一旁欢乐的伙伴，大白终于爬出了笼子。饲养员摸了摸大白的背，笑着说：“嘿，这是你的新家。”

这些小狼很快适应了陌生的环境，它们在新环境里享受着属

于自己的欢乐时光。它们会学习并摸索出更多生存技能，未来的生活要靠它们自己去体验。

望着山坡上大白渐行渐远的背影，饲养员也大声喊出了自己的期望：“大白，以后的生活就靠你自己了，加油啊！”

请答题

新狼舍中，大石头的作用是什么？

A. 模拟野外障碍　B. 给头狼提供制高点

C. 适合小狼在石头下打洞

嘉宾观点

小宇： 我选 C。如果小狼在石头底下打洞的话，石头下会形成一个天然的掩体。

小张： 我选 B。头狼的地位更高，所以它需要其他狼都能看到它。

小玉： 我选 C。因为在石头下面打洞，当下雨的时候，石头会成为一个掩体，洞就不会那么容易被雨水冲掉。

张博士的科学小课堂

新狼舍中放着的两块大石头，主要是给未来的头狼准备的，因为头狼喜欢站在制高点嚎叫，这样是在进行领地的宣告和沟通。狼属于一夫一妻制，一个狼群中的头狼一般有两个，就是狼王和狼后，剩下的是它们的孩子。传言，狼经常三四十只凑在一起，组团去打猎，这种现象其实是极少见的。在中国范围内，有科学记载的狼群一般就十一二只，这已属十分罕见的大型狼群了。

正确答案是 B，你答对了吗？

在海底爬行的海胆

大海里的“黑洞”——海胆的自白书

你知道宇宙中有股神秘的力量叫黑洞吗？据说，黑洞可以吸收一切物质，包括光。而我，被人们称为大海里的“黑洞”。有人还给我起了个绰号，叫“带刺的马粪球”。嗯，这名字实在算不上高雅，听听就行了，你可别乱喊！我身上有短刺，短刺下藏着的柔软管足，可以抬起身体，让我在水中来去自如。现在，你知道我是谁了吧？不卖关子了，我的名字叫海胆，是海洋中的“大刺头”，可别轻易招惹我！

我在海里一动不动，有人还以为我是植物，这其实是我的伪装。如果你觉得海胆好欺负，那么我满身的刺可第一个不答应！等会儿，海豹来了，我要先躲起来——“小心驶得万年船”嘛！

我没有固定居所，经常随波逐流，洋流怎么流，我就怎么走。要是实在无聊，我也会四下走动走动。

对了，还没告诉你，人们称我为大海里的“黑洞”，是因为我从不挑食，鱼、海草、贝……海里有什么我就吃什么，就像吸收一切物质的黑洞一样。

我的嘴巴就藏在身体下方，嘴的内侧是咀嚼器，一切美食都会被我吸入口中。虽然嘴巴小，但我可以吃四方呀！只要是能吃的，我都会吃掉，一个不留！

我的嘴巴长在身体下面，屁股却在身体上面。我的消化能力超级强，所以必须一直吃。哟，跟你说话的工夫，我又感觉饿了，有条死鱼正好在我的身边，我吸！嗯——美味！

我的座右铭是：大海那么大，我都想尝尝。怎么样，现在你了解海胆了吗？我们还有一些特征，等有机会再跟你聊吧！我要去别处觅食啦，再见！

可别以为海胆的身体上都是坚硬的棘刺，其实在棘刺中还长着柔软的管足，可以帮助海胆感知周围的世界，以及攀附在礁石上。

请判断

海胆没有胃。

A. 真的　B. 假的

嘉宾观点

小张：我认为是假的。海胆和海星是亲戚，都是棘皮动物[①]。海星是这样吃饭的，如果它找到扇贝，会拿腕足抱住扇贝，把胃袋伸出来包住肉吃。所以我觉得海胆应该和海星一样有胃。

小宇：我认为是真的。海胆分解食物的能力和人类不同，它们好像是把食物磨碎然后再吃掉。

海胆，棘皮动物门一纲，壳上生有能活动的棘。壳腹面中央为口，背面中央为肛门板，雌雄异体。

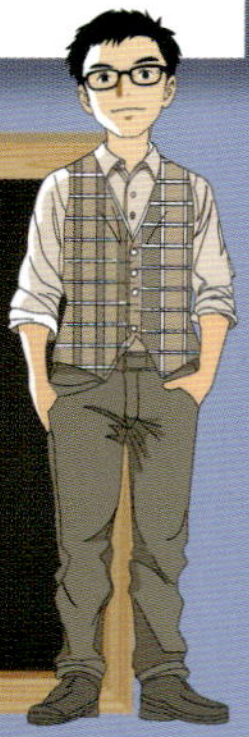

张博士的科学小课堂

海胆确实没有胃，但是它们有弯弯绕绕的肠子，消化能力很强。当食物在蠕动的肠子里的时候，它们就已经将食物中的营养全部吸收了。

正确答案是A，你答对了吗？

---

①棘皮动物：在无脊椎动物中是进化地位很高的一类。大多底栖，身体呈球形、星形或圆棒形，有些不运动，有些则缓慢移动。我们常见的海星、海胆、海参等，都是棘皮动物。

冰川上的“独行侠”

动物观察员李维东是一位自然生态保护者，今天他要带我们探寻“天山一号”冰川保护区。这里的平均海拔高达 3800 米，空气稀薄、冰雪皑皑，被人们亲切地称为“冰川博物馆”。“天山一号”冰川保护区也是伊犁鼠兔在地球上最后的栖息地，作为伊犁鼠兔的发现者和命名者，李维东每年都要来这里观测。

原来，1983 年夏天，李维东在新疆西北部尼勒克县北部山区一处海拔 3000 多米的悬崖峭壁处，发现了一个耳朵圆圆、像鼠又像兔的灰褐色小动物。他敏锐地意识到这是一个他从未见过的物种，可能是一次重大的发现。1986 年，这一新物种得到了学界的认可，由他命名的“伊犁鼠兔”被载入世界动物史册。

越野车、长焦距相机、登山杖……带着各式各样的装备，李维东带着我们开启了新的搜寻伊犁鼠兔的旅程。沿着盘旋的公路行驶，两旁的原始森林高耸入云，远处覆盖着冰雪的山脊上，一只在空中盘旋的苍鹰跃入我们的视线。

伊犁鼠兔是中国天山的特有物种，喜欢单独行动，多以天山主峰及高海拔裸岩区的植物为食。它们常常处于饥饿状态，体形较小，所以常成为其他猛禽和猛兽的猎物。自 2002 年以来，伊

伊犁鼠兔会挖洞或利用天然石缝群栖生活

犁鼠兔的栖息地面积减少了三分之二，实际数量不到 1000 只，已经处于濒临灭绝的状态。

在野外考察时，李维东常常会登上陡峭的悬崖，在垂直的岩石缝间寻找伊犁鼠兔。“我们担心它们会从地球上消失，因此不断地做着野外监测工作。”李维东说。正是由于李维东的发现，世人才得以看到伊犁鼠兔在嶙峋裸岩间的身影。几十年来，李维东踏遍天山，像冰川上的“独行侠”一样追寻着伊犁鼠兔的踪影。他希望能有更多的人参与到地球生命共同体的建设中，让更多物种得到保护和延续，守护住人与自然和谐共生的地球家园！

请答题

当伊犁鼠兔遇到危险时，会做以下哪个动作？

A. 在岩石上跳跃　B. 站在岩石上尖叫

嘉宾观点

小泽：我选 A。伊犁鼠兔体形很小，要是站在岩石上尖叫，就好像在跟天敌说：“快看我，这里有你的食物。”这样更容易暴露自己。

小玉：我选 B。伊犁鼠兔不论是跳跃还是尖叫，都会暴露自己，但比较这两个选项，可能跳跃的影响更大。

张博士的科学小课堂

我们虽然常看到伊犁鼠兔单独行动，但它们其实还是有社群的，个体之间离得非常近，尖叫是告诉小伙伴有敌害靠近，咱们赶紧一起躲起来。它们一般和附近的小伙伴之间有亲缘关系。

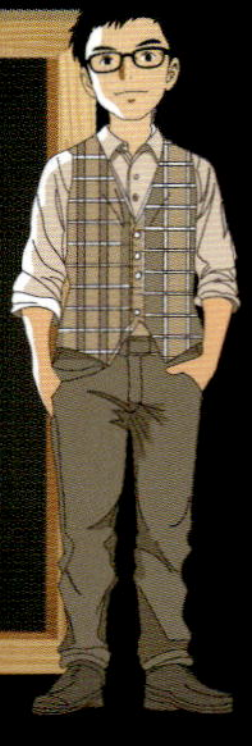

正确答案是 B，你答对了吗？

黑猩猩朵儿

黑猩猩珍妮

黑猩猩“云相亲”

“云相亲”是相亲双方不在生活中见面，而是在网上以互看照片或者视频通话的方式相亲，是互联网时代人们常用的一种相亲方式。可是，黑猩猩也能云相亲吗？当然可以！这不，在重庆乐和乐都野生动物世界里，一场黑猩猩之间的云相亲活动正紧锣密鼓地进行着。

“珍妮”和“朵儿”是这次云相亲的主角。朵儿拥有大家闺秀的风范；珍妮是喜爱练瑜伽的“女汉子”。你可别以为珍妮和朵儿平时只会满院子乱跑，它们可都是“饱读诗书”的黑猩猩，没事就会拿出一张报纸，仔细端详一番。既然都到了谈婚论嫁的年纪，饲养员自然要操心它们的婚姻大事。饲养员联络全国各地动物园，为珍妮和朵儿寻找如意郎君。最后大家一致认为，西安秦岭野生动物园的“多多”是珍妮和朵儿合适的相亲对象！

多多，雄性黑猩猩，喜欢运动、做家务。云相亲当天，珍妮

黑猩猩多多

和朵儿发现饲养员的行为有些不同寻常：隔着玻璃窗，高举多多的照片，给珍妮和朵儿看。这一看可不得了，珍妮和朵儿都放下了公主般的姿态，一个上前摸了摸照片上多多的头，来了个飞吻，一个干脆直接亲在了照片上。饲养员只能感叹："哎，女大不中留呀！"

下一步，就是让重庆的珍妮、朵儿和西安的多多视频通话了。多多的饲养员举着手机，和珍妮、朵儿的饲养员视频通话，给多多看一看珍妮和朵儿。估计多多也知道，这是在给自己找媳妇儿呢，十分不好意思。饲养员还追问多多，珍妮和朵儿好不好看？多多竟然张开嘴发出了"呜呜"的声音，好像在说："好看，这两个媳妇儿俺都要了！"

想不到，这次的云相亲活动就这样成功了！两地的饲养员接下来就要挑个好日子，把珍妮和朵儿嫁过去了。真是应了那句老话——"有缘千里来相会"啊！

看到饲养员举着多多的照片，珍妮和朵儿投来爱慕的眼光。

请判断

黑猩猩能通过照片辨别同类的年龄。

A. 真的　B. 假的

嘉宾观点

小泽：我认为是真的。因为人可以通过照片辨别年龄，我觉得黑猩猩也可以。

小浩：我认为是真的。猩猩也有性格外露的特点，可以以此辨别它们的年龄和性别。

黑猩猩亦称黑猿，哺乳纲，灵长目，人科。主要生活在非洲中部和西部的热带森林中。前肢长过膝部，用四肢跖（zhí）行，也能直立行走，杂食性。

张博士的科学小课堂

黑猩猩通过照片只能辨认出对方是否为自己的同类，其他如性别、年龄等信息是难以辨认的。因为黑猩猩观察同类需要具象的信息，如身高、体味、声音等。珍妮和朵儿之所以对照片有反应，是因为它们看到陌生同类会兴奋，它们只能判断出照片里的黑猩猩属于幼年还是老年，判断年龄对它们来讲太困难了。

正确答案是 B，你答对了吗？

“吃蛋狂”

有这样一种小动物，它们和细尾獴一样，都属于獴科大家族中的一员。虽然它们没有细尾獴那么大的名气，也没有细尾獴的“烟熏妆”和像哨兵一样站立的经典形象，但看起来也非常可爱。它们眼睛虽小却显得非常机智，还常常因为自己特殊的饮食爱好，引来人们的围观。它们就是条纹獴，又叫非洲獴，特殊的饮食爱好便是吃蛋。

说到对蛋的喜爱程度，条纹獴若是排第二，怕是没有动物敢认第一。对于圆滚滚且里面流淌着黏稠液体的东西——蛋，条纹獴可以说是来者不拒。什么，你说刚才饲养员还在投喂小鱼？对不起，没兴趣、懒得吃！

除了爱吃鸟蛋，条纹獴还有一个拿手绝活：捕食毒蛇。

作为体长30~40厘米的獴科动物，条纹獴没有像蛇那么灵活且能一口吞下一枚蛋的大嘴，所以它们经常会抱着一枚蛋，半天找不到下嘴的地方。实在馋得没招了，只好上嘴咬——用牙咬破蛋壳，拖着蛋液直流的美味到处跑。

要是遇到一枚比鸡蛋大很多倍的鸵鸟蛋，该怎么办呢？没怎么办，吃就对了！

那可是饲养员为它们精心准备的豪华大餐啊！

但是，抱着巨大的鸵鸟蛋，条纹獴一时犯了难。挠也挠不破、咬也咬不开，它们干着急的模样还真是让人哭笑不得。

折腾了半天，不知道是不是失去了耐心，条纹獴一巴掌拍了过去，骨碌碌——鸵鸟蛋沿着斜坡直打滚，蛋壳破了，蛋液沿着鸵鸟蛋滚动的线路洒了一地！这下好了，感觉“獴生”已经到达了巅峰！这时就不要顾及什么形象了，赶紧把洒出来的蛋液舔干净吧！舔完后，条纹獴还要在残留着蛋液的地方打滚，享受这种被蛋液包围的幸福感！我们只能说，沉浸在鸵鸟蛋盛宴中无法自拔的条纹獴，真不愧是动物界的“吃蛋狂”啊！

请答题

条纹獴为什么会在身上涂抹蛋液？

A. 吸引异性　B. 护理毛发　C. 占据食物

嘉宾观点

小浩：我选 A。我觉得占据食物没那么重要，大家一起吃就行了，而且它的毛发也不需要用蛋液来护理。

小丽：我选 C。虽然它们可能会通过身上的气味去吸引异性，但这是吃饭时的行为，所以我认为是为了占据食物。

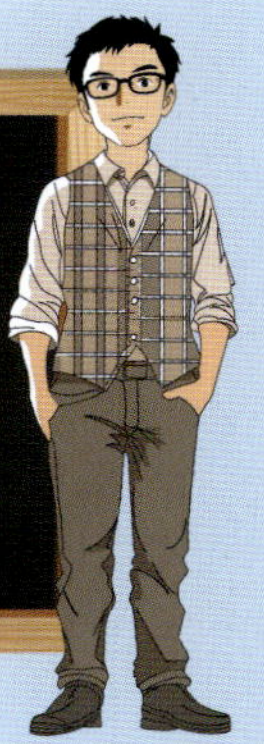

张博士的科学小课堂

一个巨大的鸵鸟蛋对于条纹獴来讲非常有价值，因为这是高蛋白食物。腺体分泌的气味和蛋液混合，代表了它们对食物主权的占有。

正确答案是 C，你答对了吗？

主持人：人们对海洋的了解远不如陆地，于是海洋动物的命名往往增添了陆地动物的色彩——海狮、海象、海兔……今天，我们要去泉州海洋极地世界，去看看那里的海牛。

胖胖的“美人鱼”

说到美人鱼，你可能会在脑海里浮现出长发披肩、人身鱼尾的美少女形象；你可能还会想到《安徒生童话》中的小美人鱼，还有宫崎骏制作的动画片《悬崖上的金鱼姬》里那个萌萌的人鱼波妞。你知道人们是根据什么动物创造出美人鱼形象的吗？它便是海洋中的草食哺乳动物——海牛。

海牛？对，我们可没和你开玩笑，海牛就是生活中真实的美人鱼。那么，创造美人鱼的作家或艺术家是怎么把它们联系到一起的呢？

有一种较普遍的说法是，海牛被称作美人鱼，可以追溯到几个世纪之前。当时的船员在海上航行时，因为月光及海面雾气的影响，把雌性海牛误认成了女人，所以海牛才被称作美人鱼，这个称呼很快就流传开来。

泉城欧乐堡海洋极地世界的海牛活得真叫潇洒自在。虽然它们的长相不似童话里的美人鱼，但它们游泳时的姿态非常优雅。

你看，它们在水中游弋，多么灵活，多么……等一下，这些“美人鱼”看起来有点胖啊，伙食还真不错呢！原来，饲养员邵泽云每天要为三只海牛调配约 90 千克的食物，包括补充碘元素的海带、普通绿叶蔬菜和有活血化瘀功效的田七。这么多食物投放进去，海牛在两个小时内就可以吃得丝毫不剩。体形圆滚滚的海牛和唐代美人一样，以胖为美，它们每天只负责吃和睡，其他问题嘛，直接交给饲养员就好了。

饲养员为了让这些“胖美人鱼”活得健康、活出精气神来，还特意准备了一套变美方案——定期用刷子给海牛做皮肤养护。

这天，饲养员发现有一只海牛的精神状态不佳，他赶紧穿上潜水服，潜入水下一探究竟。原来，这只海牛身上的皮垢太厚，使它浑身难受、心情不佳。如果得不到及时清理，它就会得毛囊炎。饲养员赶紧用刷子清理它的皮肤，光洁的皮肤很快就让海牛精神焕发，它晃动着胖胖的身躯，开心地游来游去。

科学家研究发现，海牛在地球上的生存历史可以追溯到6000 万年前。海牛由当时陆地上的四足哺乳动物进化而来，它们还是大象的远亲呢！只不过，由于大自然的变迁，它们不得不下海谋生计。进入海洋后，它们依旧保持食草的习性，但四肢退化了。海牛已有 2500 万年的海洋生存史，是珍稀的海洋哺乳动物。

请答题

海牛会在水中的哪个位置睡觉？

A. 上层　B. 中层　C. 底层

嘉宾观点

小张：我选A。在上层睡觉，是因为海牛是哺乳动物，上层氧气充沛，比较方便海牛呼吸。

小泽：我选C。在底层睡觉应该很舒服。还有，海里的动物睡着后应该会很容易往下沉。

安安：我选B。我曾经看过一部纪录片，某种跟海牛很像的胖胖的动物就是在中层睡觉的。

原来如此

海牛以海藻、海草等为主食，多栖息在浅海。它们喜欢趴在海底睡觉，一般大约10分钟就要浮出水面换一次气。它们不能像海豚一样，可以在水下长时间憋气。

张博士的科学小课堂

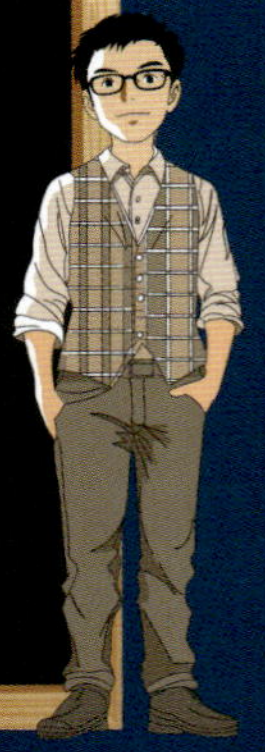

我国近海有一种海洋生物叫儒艮，它是海牛的近亲。儒艮和海牛的最大区别在于尾巴——儒艮的尾巴形状呈鱼鳍状，海牛的尾巴则像大蒲扇。海牛生活在浅海地区，这里的环境比较复杂，海牛不是夜行性动物，所以睡觉时自然要选择较低的地方；另外，海牛的睡眠时间很短，一般打个盹之后会浮出水面进行呼吸，然后再回到水底睡觉。

正确答案是C，你答对了吗？

寻访南极

南极可以算是我们不熟悉的、被冰雪覆盖的地方，也是地球上最后被人类发现的大陆。我们对它最初的印象可能是神秘、酷寒且不属于任何人，但实地探访南极后你会发现，在奇寒之下，它向世人展现着独特的美。这里的寒冷并没有冰封一切，在这片陆地上，动物才是真正的主人。

这不，一大早，来自不同国家的人组成的探险队驾驶着小艇，登陆库弗维尔岛，中国探险队队员、水下摄影师邓薇也开始了一天的拍摄任务。小艇刚刚停泊，一只只企鹅就摇摇摆摆地出现了。它们见过的人不多，并不觉得人类是危险的物种。它们跟在探险队队员身边，好奇地打量着他们。

企鹅在南极可是当之无愧的大明星，队员们的镜头几乎都对准了它们。面对企鹅里的好奇宝宝，队员们只能一动不动地让它们靠近，耐心地等它们探索完。虽然队员们心中无数次想要抱起企鹅，但为了防止它们受到惊吓，轻轻碰一下都是不可以的。

在南极，探险队不会主动靠近野生动物，会和它们保持一定的距离。“不打扰”是人们约定俗成的习惯。

除了蹒跚而行的企鹅，这里还能见到胖胖的、匍匐在冰面上的海豹。邓薇的身后大约有 35 只威德尔海豹。1 只大约 1 岁的海豹连牙齿都没长全，正处在换毛期，身上特别痒。茫茫雪地上没有什么蹭痒的地方，所以，当看到探险队队员的救生桶时，它便赶忙爬过来蹭痒。它那副舒适的表情好像在说：“真舒服，这个‘痒痒挠’归我了。”当队员挪走救生桶时，小海豹还有点不开心，像是在说：“别拿走啊，我还没有蹭够呢！”

2010 年至今，因为温室效应加剧造成全球气候变暖，南极冰川的面积正在悄然缩减。栖息地的减少使不同种类的企鹅开始争夺地盘，气温的升高也使动物身上长出了蠕虫……

人类活动会打破南极原有的安宁和美好，邓薇希望用自己的镜头记录下南极的美，也希望人们可以守住这片净土，给南极的动物留下属于它们的广阔天地。

请答题

企鹅走路摇摇摆摆的好处是什么?

A. 保持身体平衡　B. 减少体能消耗

C. 利于脚底保温

嘉宾观点

小宇： 我选 C。因为企鹅身上的毛很多，它的脚可以伸进毛里保温，走路摇摇摆摆，可能是它在为脚底做轮流保温。

安安： 我选 B。我觉得企鹅这样走路，身体是缩在一起的，可以减少体能消耗。

小张： 我选 B。我觉得企鹅的走路方式有惯性，会给它一个向前的力，这有助于减少体能的消耗。

小玉： 我选 A。我发现人踩高跷的时候身体也是一摇一摆的，表演高空走钢丝的人手上还会拿一根杆子，跟企鹅走路挺像，我觉得它们那样走路是为了保持身体的平衡。

原来如此

在雪中行进时，企鹅左摇右摆的走路姿势并不浪费力气。它的下肢露出来的部分较短，这就决定了它们只能一摇一摆地走路，这样可以抬高重心、提高行走效率。摇摆着行进还可以存储身体能量，将能耗降到最低。

张博士的科学小课堂

近三十年来，有数百万吨的淡水进入海洋，使得冰川消融得非常厉害，全球温度上升对南极的企鹅造成了很大影响。据统计，在过去五十年内，南极的企鹅减少了将近一半。这告诉我们，我们每一个人都应该有义务和意识去保护环境，节能减排。

正确答案是 B，你答对了吗？

主持人：“世上只有妈妈好，有妈的孩子像块宝……”无论是人类还是动物，妈妈的爱和哺育都是无法替代的。不过，当动物妈妈出现弃崽行为时，饲养员就不得不进行人工干预了，今天的故事就从动物妈妈弃崽讲起……

征“妈”启事

故事发生在昆明动物园。一只黑豹妈妈顺利产下了两只雌性小黑豹。不料，几个小时后，一只小黑豹夭折了。这只黑豹妈妈是第一次当母亲，还没有适应自己的新角色，所以对刚出生的另一只小黑豹不管不问，这可急坏了饲养员。小黑豹没有奶吃，可能会有生命危险。情急之下，饲养员只好把小黑豹抱出来进行人工育幼。

虽然人工育幼技术已经很成熟了，但是对于猫科动物的幼崽来说，母乳喂养仍然是保证幼崽健康成长的关键因素。另外，母亲的陪伴更利于它们身心的健康成长；母亲还会帮幼崽排便、

被妈妈弃养的小黑豹

狗妈妈小胖和小黑豹在一起

清理毛发，这些都是饲养员无法提供给小黑豹的。眼下该怎么办呢？

终于，饲养员想出了一个办法：向社会招募符合条件的狗妈妈，为新生的小黑豹哺乳。

征“妈”启事发出去后，立刻有很多宠物主人替自己的宠物应征。饲养员经过细心筛选，确定了一只正在哺乳期的贵宾犬“小胖”，让它成为小黑豹的新妈妈。

饲养员怀着忐忑的心情，把小胖小心翼翼地放到小黑豹身边，并观察它们相处的情况，如果小黑豹对小胖表现出任何抵触情绪，饲养员就会立即将它们分开。

让饲养员没想到的是，小黑豹很快就接受了狗妈妈小胖，还表示出极大的善意。倒是小胖对这个陌生的、黑乎乎的小家伙有点儿害怕，不停地往饲养员身上扑，眼神里透露出一丝惊恐。

饲养员在一旁耐心地安抚着小胖，小黑豹也往小胖身旁蹭啊蹭……不一会儿，小胖好像开始慢慢接受小黑豹了。小黑豹趁势钻进了小胖的怀里，小胖也用舌头舔了添小黑豹的毛。

看到狗妈妈小胖接受了它的这个“干女儿”，饲养员在一旁露出欣慰的笑容。

请答题

饲养员找狗妈妈抚养小黑豹的原因是?

A. 增强小黑豹的免疫力　B. 狗奶营养丰富

C. 狗比较容易寻找

嘉宾观点

小张：我选 B。狗奶的营养比较丰富，所以才让狗当小黑豹的妈妈。

小丽：我选 C。我看过一部电影，里面有个情节是两只小黑豹的妈妈死了，附近刚好有狗可以哺喂，人们就找来了狗妈妈！

小泽：我选 A。狗奶中含有一些可以减少小动物患病概率的抗生素和抗体，就跟人类小时候要喝母乳一样，母乳里面的抗体可以帮助婴儿抵抗病毒的侵害。

原来如此

母乳中富含蛋白质和氨基酸，饲养员找来狗妈妈主要是希望小黑豹能摄取狗奶中的免疫蛋白。之所以选中这只贵宾犬，是因为它的体形与小黑豹相当，狗的亲和力又强，小黑豹出现抵触情绪的概率小。

张博士的科学小课堂

我们总说喝奶可以补钙，奶里的各种微量元素很高，这些东西都是可以人工添加的，但有一类蛋白是我们无法制作出来的，比如一些特殊的免疫细胞才能产生的免疫蛋白，是只能通过母乳获得的。濒危动物在动物园饲养的成功率往往取决于它们能不能喝到初乳。如果没有亲妈的初乳，那只能找其他动物代替。

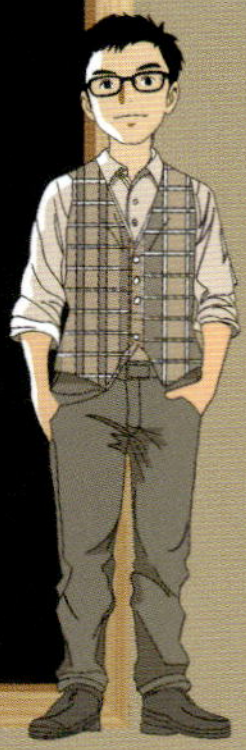

正确答案是 A，你答对了吗?

忧郁的北极狼

西伯利亚雪橇犬的祖先是北极狼，也就是我们俗称的“白狼”。它们居住在世界上非常荒凉的苔原、冰谷和冰原等地，是濒危物种，其幼崽的成活率很低。在动物园中，因为濒危，北极狼的保护工作就变得十分重要。

2020 年，鄂尔多斯野生动物园中有 6 只小北极狼出生了，这可把饲养员高兴坏了。可是，一只名叫“点点”的小狼最近的情况不太好。它趴在笼子的一角，不跟其他小狼玩耍，也不愿意吃饭，眼神呆呆的，看起来很忧郁。

看到点点这个样子，饲养员想到了一件事——几天前，动物园给小北极狼集中打疫苗，其他小狼打完疫苗后依旧活泼好动，只有点点变得沉默、忧郁起来。是打疫苗产生了不良反应，还是另有原因呢?

饲养员不禁又想到了 20 多天前，那时候点点也是连续几天

情绪低落、不吃不喝，饲养员急坏了，找兽医给点点抽了血，发现它贫血严重，建议点点住院治疗。

缩在角落里没精打采的点点

那么，现在点点出现这种忧郁的状态，会不会是旧病复发？

饲养员赶紧请来兽医，为点点再次做检查。检查结果比预想的好得多，点点的身体指数正常，那它为什么会情绪低落、不和同伴玩耍呢？

饲养员经过调查，弄清了事情的真相。原来，20多天前，点点生病时进行了隔离治疗，身上沾染了人类的气味，回来以后，其他小狼对它有些排斥，这让性格本就内向的点点情绪波动更大了。

找到问题的关键，饲养员决定帮助点点回归集体。他们先把点点和一只性格温顺的小狼关在一起，待它俩熟悉之后，点点身上的人类气味也越来越淡；接着，饲养员尝试让点点扩展“朋友

融入集体后，点点恢复了往日的天性。

圈”，接触其他小狼；最后，点点重新融入了狼群，也变得开朗起来，再也不是“忧郁王子”，而是“快乐骑士”啦！

请判断

北极狼在抽血前需要空腹。

A. 真的　B. 假的

嘉宾观点

小泽：我认为是假的。去医院检查时，如果是查血糖，医生会要求你不要吃早饭，但是查血常规就不用。故事中，兽医要验血红蛋白，看看点点是否贫血，所以吃不吃饭就都不影响了。我觉得北极狼在抽血前不需要空腹。

小浩：我认为是真的。我之前在医院因为肺炎抽血，医生就让我必须空腹。我觉得动物和人也是一样的。

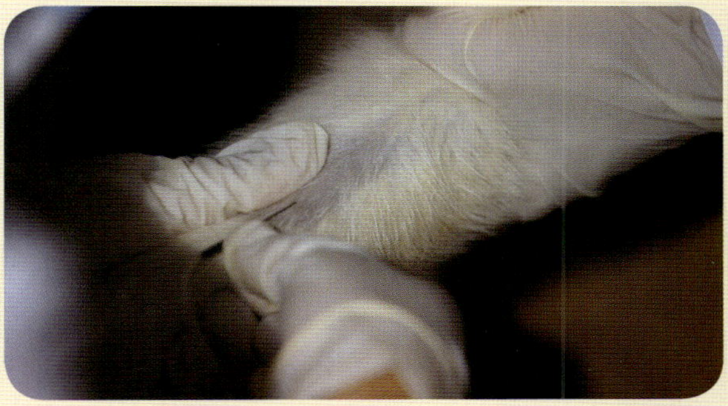

张博士的科学小课堂

给动物抽血时，并不需要动物完全空腹。因为有些动物无法适应完全空腹的状态。另外，从本质上讲，今天我们人类所培育的四五百种不同品种的狗，都是从狼驯化而来的，例如哈士奇，它们被驯化得比较晚，和狼更接近。

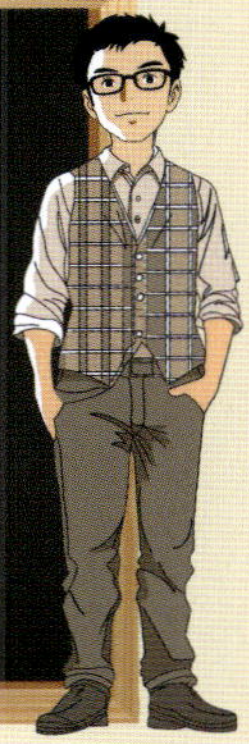

正确答案是B，你答对了吗？

周氏睑虎

夜幕降临。在海南热带雨林国家公园管理局鹦哥岭分局，动物观察员符惠全要带我们去寻找一种海南土生土长的爬行类动物——周氏睑虎。

晚上 9 点 30 分正是周氏睑虎出没的时间。小符带我们来到一条公路边，附近有一大片灌木林，还有裸露的石灰岩，这是周氏睑虎喜欢出没的地方。

小符打着手电，在一块长满苔藓的石头上发现了周氏睑虎。他向我们介绍，2018 年，周氏睑虎由海南省林业局科学家周润邦等人发现并命名，是在海南发现的第三种睑虎属物种。周氏睑虎有上下活动的眼睑，体色多为淡紫色，有一条颈环，前后足之间的背部有三条体带，尾部约有八条尾环，脚上没有吸盘，无法攀缘。睑虎没有攻击性，它们白天会藏起来睡觉，夜晚出来觅食主要的食物是蛾、白蚁等昆虫。

一个不留神，周氏睑虎从小符的手里蹿到地上，又进了树丛

周氏睑虎生活在海南岛中部有喀斯特地貌的石灰岩地区，这里气候湿润，生长着热带常绿阔叶植物。

消失了。小符说，这里的生态环境很适合它们生存。

我们为有一群默默守护在这里的人而感到自豪。

手电筒光柱下的周氏睑虎

请答题

周氏睑虎白天会在以下哪种环境中休息？

A. 石头缝隙　B. 落叶底下　C. 树枝上

嘉宾观点

安安： 我选A。周氏睑虎在野外肯定有天敌，所以它无论是在树叶底下还是在树枝上都不安全，最安全的地方就是石头缝隙。

张博士的科学小课堂

周氏睑虎没有发达的吸盘，不能像壁虎一样攀爬在垂直的墙壁上或隐藏在犄角旮旯里，所以它只能选择石缝来休息；它身上的斑纹也像乱石的颜色，能起到隐蔽的作用。

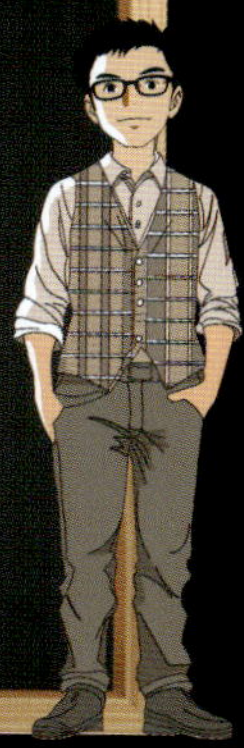

正确答案是A，你答对了吗？

“小不点儿”姐妹的故事

2020 年 5 月，在重庆乐和乐都野生动物世界，有两只刚出生两天的雌性环尾狐猴被母亲弃养了。饲养员沈伟把它们抱出来进行人工育幼，因为它们的身形非常小，沈伟便给它们取名叫“小不点儿”。

刚来的时候，其中一只差点没了呼吸。在育幼箱待了半天的它，后来有了生命迹象，这让沈伟非常高兴。

渐渐地，两个小家伙在沈伟的精心照顾下长大了。小不点儿姐妹的感情非常好，妹妹活泼好动，胆子大，好奇心重；姐姐胆子小，很依赖沈伟和妹妹。只要沈伟和妹妹一离开视线，姐姐就会尖叫。妹妹听到姐姐的叫声，便会立刻跑到姐姐身旁安抚姐姐。

很快，这对姐妹就到了该回归种群的年纪。几个月的育幼生活让姐妹俩对人类十分熟悉，对同类却十分陌生。沈伟意识到，如果它们不能及时回归种群，随着时间的推移，回归的概率将越来越小。

这天早上，沈伟把姐妹俩关在笼子里，带到了狐猴馆。其实，沈伟也非常担心，他怕姐妹俩不能适应新环境，也怕它们会被同

环尾狐猴会分泌出一种刺鼻的体液，来标记领地。

类欺负，所以，他需要给姐妹俩一个适应期。沈伟先把笼子放置在馆内，观察它们的反应。姐妹俩先是紧张地抱在一起，随着时间推移，又逐渐放松警惕，神态恢复了自然。

是打开笼子的时候了！当笼门开启后，姐姐突然吓得躲到了妹妹怀里，而一向淡定从容的妹妹，此时眼神里也透露出一丝惊恐。笼子外，其他环尾狐猴也感受到陌生的气息，它们有的发出阵阵尖叫，有的躁动地跑来跑去。

也许，成长本来就是一种美丽的痛。沈伟知道，为了让姐妹俩融入种群，此时的他只能消失在姐妹俩的视线范围内。姐姐找不到沈伟，着急地跑来跑去；妹妹看到姐姐着急的样子，赶紧跑到姐姐身边，抱住它、安抚它。

慢慢地，其他环尾狐猴开始靠近新朋友。它们有的走过来，嗅一嗅姐妹俩，有的远远地打量着。有的环尾狐猴甚至不再探索，开始和姐妹俩玩耍起来！看样子，它们已经接纳了姐妹俩。

姐妹俩不再那么惊慌、烦躁了，它们熟悉了新环境、认识了新朋友、拥有了新生活，它们回家啦！

看到这一幕，沈伟的脸上露出了欣慰的笑容。

请答题

回归猴群的雌性环尾狐猴成年后会有怎样的命运？

A. 被逐出猴群　B. 主动离开猴群　C. 争夺王位

嘉宾观点

小泽：我选 A。环尾狐猴身处母系社会，成年雌性可能会去建立自己的族群，或者到其他族群里做基因交换，但这并不是它们自愿的，因此有可能是被赶出去的。

小玉：我选 B。我觉得雌性比较温柔，在大局面前，它会选择主动离开。

安安：我选 C。它们处于母系社会，正所谓“不想当将军的士兵不是好士兵”，我认为它们会为王位而战。

张博士的科学小课堂

环尾狐猴是灵长目、狐猴科、狐猴属动物。它们喜群居，多以 5~20 只成群生活，栖息在多石、少树的干燥地区。环尾狐猴擅长跳跃攀爬，是地栖性较强的狐猴，属于昼行性动物，也是唯一一种在白天活动的狐猴。环尾狐猴性情温和，平时喜欢聚在一起玩耍。科学家考察发现，环尾狐猴群体是“母系社会”，所以所有雌性都会留在这个群体中，就像人类早期的母系社会一样，只不过“女王”并不是世袭制的，而是靠竞争形成等级秩序。在下一次序位更迭的时候，还会出现争夺“王位”的现象。

正确答案是 C，你答对了吗？

主持人：长江是我们的母亲河。它贯穿中国，从西到东，注入东海。它的流域面积占我国陆地总面积的五分之一，水生物资源丰富。如果说长江有表情的话，那么这个表情一定是一个微笑。

长江“代言人”

不知道大家有没有听说过长江“代言人”？对，就是我们——江豚。因为我们的嘴角是上扬的，所以人们又称我们为“长江的微笑”。

“看！是江豚！”

江豚保护工作者在东洞庭湖流域看到了轻轻跃出水面的我们，我们时不时露头换气，跃出水面嬉戏玩耍。显然，我们在江里生活得很惬意。这一点，江豚保护工作者有目共睹，是他们为我们提供了良好的生态环境。

作为长江生态指示性物种，我们江豚的种群数量常常被人们用来评估长江生态系统的健康状况，所以我们跃出水面、嬉戏打闹是在告诉这些工作人员，他们对长江的保护和治理是成功的。

我们江豚是长江特有的物种，也是国家一级保护动物。但是，自 20 世纪 90 年代以来，因为经济高速发展，长江的环境发生了巨大的变化。重工业污染导致江豚的种群数量锐减。到 2017 年，长江流域可监测到的江豚数量只剩下 1012 头。因数量极为稀少，人们也把我们誉为“水中大熊猫”。

为了我们，人们在长江沿线展开了生态保护计划。在洞庭湖流域，有一群默默守护我们的人。我深深地记得一个叫蒋忆的姑娘，她是江豚保护工作者。我第一次见到她时，她正乘船慢慢地行驶在洞庭湖上，仔细观察湖面。我悄悄游了过去，她的船停下了。我知道，她和她身后那群人的辛苦工作，使长江的水域环境变得越来越健康，我们也有了可以嬉戏的生态空间。

如今，志愿者的队伍不断壮大。他们会为我们排除潜在的危险，发现问题会及时联系执法部门，对过度捕捞和水质污染等问题也会监管到位。

2016 年时，我生活的这片水域还没有禁渔。一次，我正在水里欢快地游着，突然，一张结实的渔网死死缠住了我。我不停地挣扎，可是，越想挣脱越难挣脱。就在我快要绝望的时候，江豚保护者发现了我，他们立刻赶来，把渔网割断，我终于从渔网的缠绕中脱身了。

后来，这片水域就禁渔了。感谢他们为我们江豚提供这么安全的环境！

一年一度的巡护工作又开始了，巡护快艇在水面上行驶，船上每个人手里都拿着望远镜，他们正紧盯着水面。当我跃出水面时，他们发出了欢呼声，我也很高兴，谢谢他们！

请记住我，我是长江“代言人”，我的名字叫江豚。

请判断

江豚会在阴雨天更频繁地跃出水面呼吸。

A. 真的　B. 假的

嘉宾观点

小玉： 我认为是真的。雨天，鱼在水里呼吸困难，便会跳出水面，我觉得江豚应该也会。

小张： 我认为是真的。我去南京看过江豚，在阳光强烈的时候，它们会去背阴的水域。如果下雨的话，它们应该会跃出水面呼吸。

张博士的科学小课堂

江豚呼吸时需要跃出水面，因为它们的鼻孔在后脑勺的部位。若是遇到降雨或大风天气，气压降低，它们会更加频繁地跃出水面，增加呼吸频率。长江江豚是中国特有的，也是最稀少的一种江豚。随着对整个长江流域禁渔和对水环境污染的治理，长江江豚种群逐渐恢复，这也意味着长江生态得到了有效的改善。希望有一天我们在各个江段都能看到中国特有的、永远“微笑”着的长江江豚。希望作为亘古以来远远向我们走来的物种，在人类的呵护下，它们能和人类一起走得更远。

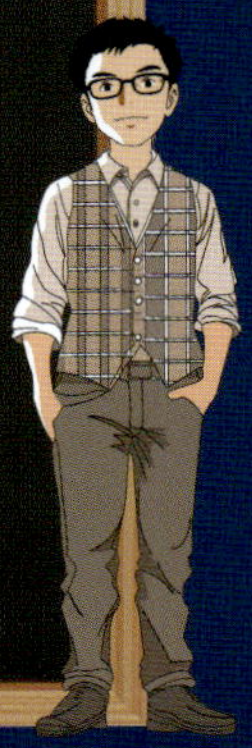

正确答案是A，你答对了吗？

海狸鼠的生存法宝

大家好！我是本次《动物生存大讲堂》的老师。安静点，我已经听到有人喊我河狸了。你错了，我不是河狸，我是海狸鼠。我们跟河狸长得的确有点儿像，但比河狸帅气多了。请注意观察我们的尾巴，我们的尾巴是细长的，而河狸的尾巴像船桨，是扁扁的、粗粗的，这就是区别。

既然《动物生存大讲堂》请我来当老师，那么我就来跟大家介绍一下，我们海狸鼠的生存法宝吧。

首先，我们海狸鼠擅长游泳。我们能在水里关闭鼻孔，就像你们人类在游泳时会夹上鼻夹，防呛水一样。不过，我们的“鼻夹”可是天生自带的。我们特别喜欢水，可以说没有水我们就活不下去。我们还会躺在水里吃东西——哎哟，想想就觉得美得不行。

其次，我们是非常爱干净的动物。我们喜欢洗澡，每天不洗

海狸鼠咬起东西来得心应手。它们的牙齿是橙色的，因为牙釉质中含有三价铁。

海狸鼠喜欢在沼泽、湖泊、溪流边及有茂密植被的区域活动。

上两三次澡，日子都没法过下去。老师在这里提醒同学们，一定要注意个人卫生，勤洗手，这样，疾病就能靠边站。你们记住了吗？

最后，如果说强大的生殖能力也算是生存法宝的话，我们海狸鼠的表现也不容小觑。我们一般在三个月大的时候就可以繁殖后代了，一年四季都能分娩。盛产期的海狸鼠两年可生 5 胎，每胎可产 6~14 只幼崽。只要生得多，天敌就吃不过来。同学们可以从中学习的道理是：只要准备充分，便能化解危机！

好了，时间差不多了，该下课了。老师要给同学们留一道课后作业题，准备答题吧！

请答题

海狸鼠的食性是什么？

A. 杂食性　B. 植食性　C. 肉食性

嘉宾观点

小张： 我选 B。海狸鼠属于南美洲的啮齿类动物，啮齿类动物一般爱吃肉，如果同时拿面包虫和胡萝卜给它，它会先吃面包虫。但实际上，南美洲的很多啮齿类动物并不爱吃肉，所以我觉得海狸鼠跟它们更像一些。

小玉： 我选 A。荤素搭配更有利于营养均衡。南美洲的动物应该不会以肉为主食，杂食性更有利于补充营养和促进发育。

张博士的科学小课堂

海狸鼠喜欢吃蒲公英、芦苇、蒲草和杨树、柳树、榆树、槐树的嫩枝条及树叶等植物，所以是植食性动物。不过，它们其实也能吃肉，但这并不能说明它们就是杂食或肉食性动物。我们判断动物的食性，要看它们的食物比例，就像牛羊都有吃肉的可能。海狸鼠的食物以植物为主，只在极偶然的情况下会吃水里的一些小的软体动物。

正确答案是 B，你答对了吗？

西藏温泉蛇

动物观察员郭峻峰来自中国科学院成都生物研究所，今天他要带我们考察西藏的温泉蛇。

西藏自治区拉萨市墨竹工卡县日多乡，河水奔腾、溪流潺潺，高原植被丰富……日多乡的温泉是纯天然的火山温泉，远近驰名，西藏温泉蛇便生存于此。

西藏温泉蛇是中国独有的珍稀蛇类，栖息在高原温泉附近的岩石洞穴或石堆中，以鱼、老鼠和高山蛙为食。郭峻峰在温泉附近的草丛中发现了一条温泉蛇，它正从洞里爬出来。此刻由于气温比较低，它行动缓慢。这条雄性温泉蛇在晒足太阳、身体暖和起来之后，会自由自在地捕食。郭峻峰又在石缝里找到了另一条温泉蛇，它缠绕着身体，看样子正在休息。

请判断

当气温骤降时，西藏温泉蛇会通过泡温泉来取暖。

A. 真的　B. 假的

嘉宾观点

小丽： 我认为是真的。它为什么叫西藏温泉蛇呢？估计是会泡温泉呀！

小泽： 我认为是假的。温泉蛇会不会泡在温泉里，要看温泉的温度，而温泉区周边的温度，会比非温泉区的温度高一些。

张博士的科学小课堂

温泉蛇虽然叫温泉蛇，但它并不泡温泉。这里的温泉水温相当高，有些地方的温度甚至超过 100℃，泡进去可谓“自寻死路”。温泉蛇会借助地热，为自己的身体取暖。

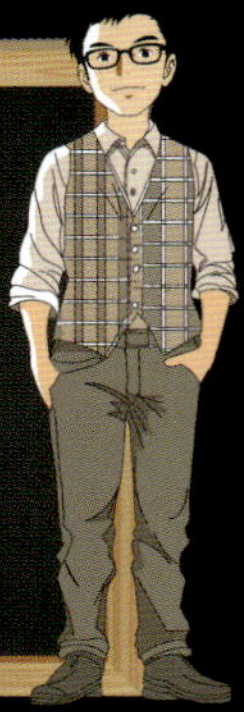

正确答案是B，你答对了吗？

西藏温泉蛇

夜行墨脱县

天黑了，郭峻峰带我们来到西藏自治区林芝市墨脱县背崩乡。在雨后的山路上行走，郭峻峰发现一旁的灌木丛树叶上趴着一只雄性长肢攀蜥。雄性长肢攀蜥的背鬣十分发达，类似帆形，雌性则没有。它的喉褶颜色绚丽，可惜因为它趴在叶片上，我们无法看清。

长肢攀蜥

往前走了没多远，郭峻峰又发现了一只睡眼惺忪的墨脱树蜥。它全身是碧绿色的，长长的尾巴脱垂下来，可以在睡觉时保持平衡。

请答题

树蜥长长的尾巴有什么作用？

A. 应对饥饿，作为食物　B. 遇到危机，断尾自救

C. 悬挂树枝，躲避天敌

嘉宾观点

小宇：我选B。我认为不管是什么蜥蜴，断尾都是它的一种本能。

张博士的科学小课堂

树蜥的尾巴长度是身体长度的两倍有余。蜥蜴大部分都是可以断尾求生的，而且尾巴可以再生。

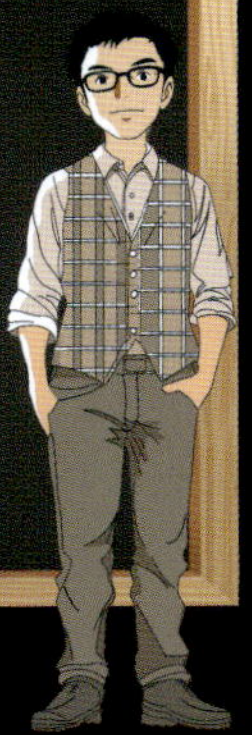

正确答案是B，你答对了吗？

主持人：说到榴梿，那是有人爱、有人恨。那么，动物对它有什么反应呢？一起去探究一下吧！

榴梿狂欢节

在海南热带野生动植物园里，饲养员正在为动物举办一场别开生面的活动——“榴梿狂欢节”。

人类对榴梿的味道褒贬不一，那么同为灵长目的猕猴对待榴梿的态度如何呢？饲养员觉得，既然是狂欢节，得先让猕猴开心一下，于是他们准备先投喂红薯。哟，这表现没问题，红薯显然算得上是猕猴的真爱。

接下来换成榴梿了！面对抛来的散发着独特气味的东西，猕猴的表现相当谨慎。有一只猴妈妈看到稀泥一样的榴梿肉，甚至抱起猴宝宝，翻来覆去地检查，似乎在说：“这孩子不是拉了吧？还好不是，但怎么这么臭呢？”

嘿，狂欢节上几百只猕猴，居然没有一只接受榴梿。没办法，

只能祝你们节日快乐啦！

饲养员知道，美丽的孔雀连大蒜都吃，那么孔雀会如何对待榴梿呢？你看，对于没有去掉外壳的榴梿，孔雀有些犹豫，它们东张西望，似乎作激烈的思想斗争。待饲养员剥掉榴梿外壳，一只胆大的孔雀做了“第一个吃螃蟹的人”，看来孔雀是可以接受榴梿的。

再来看看小兔子！哟，它们怎么对榴梿肉不感兴趣，反而咬起了榴梿壳？动物的喜好可真让人搞不懂呀！

有“沙漠之舟”之称的骆驼看到饲养员递来的榴梿肉直摇头，似乎在说：“这是什么东西？我还是去吃草吧！”和骆驼持同样态度的还有我们前面介绍过的海狸鼠……咦？隔壁狮子馆里传来了狮吼声，这不免让我们好奇，作为“水果之王”的榴梿如果遇到“森林之王”狮子，会擦出怎样的火花呢？

请答题

当狮子遇到榴梿，会有什么反应？

A. 转身离开　B. 尝试取食　C. 叼走并隐藏

嘉宾观点

小丽： 我选 C。因为狮子是动物中的王者，我想它对食物会有很强的占有欲，它的表现应该是先叼走，再判断一下能不能吃。

小宇： 我选 B。我觉得狮子作为动物界的顶级捕食者，对有挑战性的事物更感兴趣，比如说遇到刺猬。至于榴梿，狮子也是喜欢尝试的。

原来如此

察觉到榴梿的存在，雄狮率先走了过去。闻到味道，它干呕了一下，走开了。接下来，两只雌狮的表现如出一辙。看来，榴梿的味道不能被狮子接受啊！

张博士的科学小课堂

狮子生活在非洲，而榴梿盛产于印度尼西亚、马来西亚等东南亚热带雨林地区。在原住地没有见过的事物，动物多半会排斥，这牵涉到动物与环境的适应性关系。在猕猴等动物眼中，榴梿属于陌生食物，闻到气味后如果不喜欢，自然就排斥了。最爱吃榴梿的动物是红毛猩猩，那是它的“家乡菜”。还有一些植食性动物也可以接受它，因为榴梿糖分高，植物蛋白含量也高。

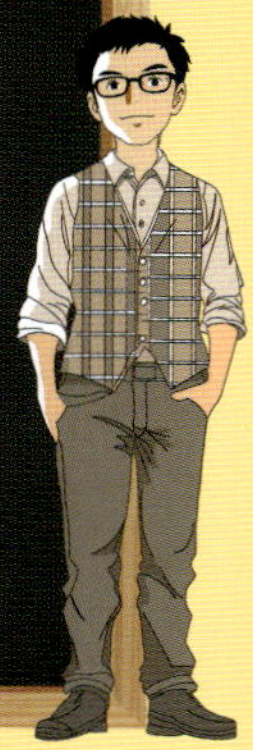

正确答案是A，你答对了吗？

主持人：在动物园，大家会觉得，最操心动物日常起居的是饲养员。但今天，我们要去认识一只比饲养员还爱操心的动物，它是谁呢？一起去看看吧！

金牌小助理

大家好，我叫“糖糖”，是一只加岛环企鹅。我出生在北京海洋馆，这里是我的家。

我活泼开朗，喜欢张罗事儿。饲养员老高一直照顾我们，他跟我一样，也是个热心肠，我很喜欢他。我和馆里其他动物的关系相当好，老高对我的评价是：一只爱操心的企鹅小助理。没办法，谁让海洋馆里的事情多呢！

看！老高来了，我要跟他去巡视了，我们要先去水族馆转转。嘿，瞅瞅这些鲨鱼，怎么长了这么多牙，不好好刷牙可要当心有蛀牙啊！还有这些小鱼，你们跟鲨鱼相处得愉快吗？你们要是有什么矛盾，可以来找我，我肯定在老高那里帮你们多说好话。

离开水族馆，我跟着老高回到企鹅馆。老高，快点儿，这里的地面都脏了，来清理一下吧！这喷枪喷出的水柱动力十足啊，老高的工具就没有差的！哎，老高，你为什么把我也抱起来了？“糖糖，我好不容易擦干净的地，你又给踩脏了。”老高居然振振有词地说。喂，这可是企鹅馆，是我的家，我踩几下也在情理之中嘛！

别看有时候我会“吐槽”老高，但他对我们的照顾那是真的好。你看，他开始给水池换水了。老高，等等，你的“金牌小助理”来了！哎呀，水池底部太脏了，老高，请把这边擦一擦，是这边不是那边……哎，真让我操心，还是我自己来吧！

开饭时间到了，老高给我们送来了食物——小鱼。嘿，这几只企鹅，你们怎么还挑起食来了！老高，你也不管管它们？那边的几只企鹅明显是谈起恋爱来了，老高，你是不是该关心一下呀？

哎，老高怎么走啦？我得赶紧去追他！没办法，谁让我是老高的“金牌小助理”呢！

加岛环企鹅是企鹅科中唯一生活在赤道附近的

请答题

企鹅是通过什么方式认出饲养员的?

A. 辨别声音　B. 辨认衣服　C. 识别气味

嘉宾观点

小玉：我选 C。我觉得动物的嗅觉会比听觉更灵敏。

安安：我选 A。我觉得企鹅好像没有鼻子，可能闻不到味道。辨认衣服这个选项也不对，它们应该没有那么聪明。我用排除法，选择 A。

小宇：我选 C。一开始我想，帝企鹅的家庭成员之间是用叫声来沟通的；后来又一想，饲养员跟它说话，它又不能完全听懂，所以还是根据气味来辨别比较合适。

原来如此

企鹅会通过叫声辨认同伴。嘹亮的叫声是企鹅的沟通方式，可以核实家庭成员的身份。因此，它们也会利用声音辨别饲养员。

张博士的科学小课堂

环企鹅的沟通方式很有意思，它通过叫声来告知对方它的存在。它们会发出像驴叫的声音；嗅觉是它们的弱项。因为企鹅生活在南极，那边动物少、天敌少，也没有各种花草刺激它们的嗅觉，所以它们识别气味的能力很弱。虽然企鹅有大大的眼睛，可以通过视觉辨认饲养员，但如果饲养员换了衣服，它们还是会弄错。所以，它们主要是靠辨别声音的方式来识别同类或者饲养员。

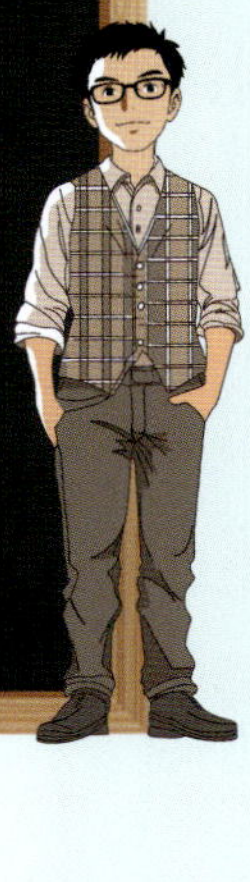

正确答案是 A，你答对了吗?

主持人：有一种动物也许你们没见过，不仅没见过，可能连听都没听过。它就是海南独有的物种，叫海南疣螈。我们一起来看看吧！

海南疣螈的爱情故事

大家好，我是海南疣螈“悠悠”。你们想听关于我爸爸妈妈和我的故事吗？别急，听我细细道来：

“这是一个雨后的夜晚，晚风轻拂，迷雾缭绕。在一处浅浅的水潭里，两只雄性海南疣螈展开了一场争夺配偶的对决。平静的水面泛起波澜，两只雄性疣螈缠斗在一起。个头大的显然占据了上风，但是个头小的也不甘示弱，为了赢得佳人的芳心，它努力拼搏着。

“最终，个头大的海南疣螈使出了绝招，几个回合就把个头小的打跑了。虽然谁都渴望爱情，但在强大的情敌面前，活下去

才是最明智的选择。

“胜利者赢得了心仪姑娘的爱，它可是有名的舞蹈高手，怎能不拉着姑娘跳上一段华丽的舞蹈呢？

“在水潭中、在月光下，它们两情相悦，亲密地缠绕在一起，跳起了‘太极舞’。它们双目含情，一心沉浸在爱的世界里，就算失败者偶尔来捣乱，也满不在乎。一曲舞罢，它们紧紧抱住对方，消失在漂满枯叶的水潭里。不久后，它们便有了后代。”

你们知道吗？这个故事讲述的就是我爸爸妈妈的爱情故事。现在，我继承了爸爸妈妈的浪漫基因，也爱上了一位姑娘，正在勇敢追求呢！

小时候的我长有外鳃，和现在的样子略有不同。长大后，我的外鳃消失了，脑袋宽而扁，背上长着疣粒，身体两侧有线状的、好似盔甲的“铆钉”，看上去十分帅气。

我们生活在海南鹦哥岭的高海拔地区，是当地特有的物种，也是海南仅存的一科、一属、一种的动物，非常珍贵稀有。

对了，忘了告诉你们，我追求到了自己心仪的姑娘，我们很快会生下自己的宝宝，快祝福我们吧！

请答题

海南疣螈会选择在以下哪个地方产卵？

A. 水塘里　B. 石头缝隙　C. 潮湿腐烂的落叶中

嘉宾观点

安安： 我选 C。我以前看过一部纪录片，里面说叶子上面有许多透明的小卵，那是某种动物留下的，所以我觉得它会把卵产在叶子上。

小张： 我选 A。我在云南见过红瘰（luǒ）疣螈，虽然我没见过海南疣螈，但红瘰疣螈是在水塘里产卵的，卵在水塘里度过幼年，长大后才登上陆地，所以我想海南疣螈跟它的习性应该近似。

小丽： 我选 C。我觉得这种动物有可能以腐叶为食，所以也会在腐叶上产卵。

小宇： 我选 B。如果在潮湿的落叶中产卵，叶子一旦被人踩了，卵就活不了了。如果在水塘里产卵，卵有可能被水冲走，所以我认为它会在石头缝里产卵。

原来如此

海南疣螈会选择在潮湿腐烂的落叶里产卵，宝宝在透明的卵泡里吸收养分，一点点长大，两个月后，它们就能钻出卵泡啦！

红瘰疣螈

张博士的科学小课堂

疣螈其实属于蝾螈大类，但它跟蝾螈不一样的地方在于，它的身上有两排疣粒（又叫瘰粒），所以称它为疣螈。两栖动物有一次非常重要的进化事件，便是登陆。它们以前在水中用鳃呼吸，后来用肺呼吸，因此很多两栖动物（尤其是有尾类）会在陆地的枯枝烂叶中产卵。如果在溪流里产卵，卵会被水冲走。海南疣螈数量极少，灭绝风险很高，是比大熊猫还要珍贵的物种，我们之所以能够看到它，是海南鹦哥岭保护区的科学家和工作人员不懈努力的结果。

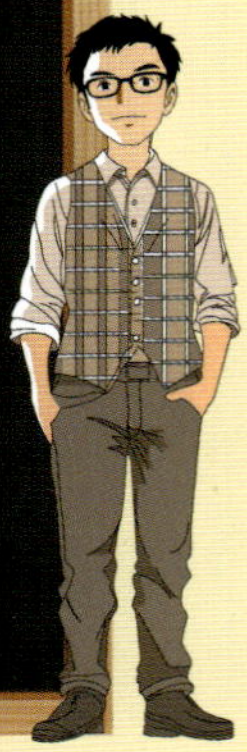

正确答案是 C，你答对了吗？

主持人：有一种鸟，名字听起来十分霸气——大鵟（kuáng）。它一般生活在悬崖峭壁之上，还会选择在高压输电线上建巢。为了保护它们，国家电网的工作人员在相应的杆塔线上架设了“生命鸟巢”，那么，大鵟又是怎么看待这些人工鸟巢的呢？

生命鸟巢

隆宝国家级自然保护区地处青海三江源国家级自然保护区的核心区。据统计，这里的鸟类种群多达61种，大鵟便是其中一种。

大鵟属于大型猛禽，多栖息于山地、山脚平原和草原地带，也在高山林缘和开阔的山地草原、荒漠地带活动。作为青藏高原的留鸟，大鵟主要以高原鼠兔为食，是三江源生态系统中的顶级捕食者，在维护生态系统平衡方面起着重要作用。

国家电网工程逐步延伸到三江源国家级自然保护区，给视野开阔但缺乏制高点的猛禽提供了筑巢栖息和猎食的平台。不过，供电线路的延伸也影响了鸟类的生存——大鵟会落在电网上，时有触电事件发生。

对于大鵟来说，它们可不知道什么是国家电网，也不知道电线杆是有危险的，需要远离。喜欢在高大树木或凸出物上栖息的大鵟，还是很自然地把电线杆、电线塔当成它们筑巢栖息的“风水宝地”。

对国家电网的工作人员来说，大鵟的到访无疑是一场噩梦。撞上电网或在输电杆塔上筑巢会严重影响电网工程。有时候工作人员在电网上作业时，还会被大鵟攻击。

电网工程重要，维护鸟类生命安全、保护生态平衡也同样重要。面对人类活动与自然的“正面冲突”，国家电网的工作人员

展翅翱翔的大鵟（供图 / 视觉中国）

立即在所有杆塔线上安装了绝缘体，同时加装了驱鸟器等设备。

一开始，驱鸟器确实起作用了，大鵟忍受不了驱鸟器对它们的干扰，纷纷离开杆塔。可惜好景不长，还没等工作人员松口气，就发现它们逐步适应了驱鸟器，又开始肆无忌惮地在输电杆塔上搭建鸟巢。

大鵟卷土重来，人们该如何应对呢?

经过分析研究，国家电网的工作人员决定，在维护人类用电需求的前提下，继续保护鸟类的生命安全，索性就让输电杆塔成为猛禽的家，从驱鸟变成引鸟入住，为大鵟等猛禽搭建“生命鸟巢”。

工作人员带着人工鸟巢前往自然保护区，将这些“生命鸟巢”安装在输电杆塔上。自 2017 年起，工作人员每年都会在三江源地区的输电杆塔上安装“生命鸟巢”；截至 2020 年，他们已安装“生命鸟巢”3280 个，近 2300 个“生命鸟巢”上有了鸟类筑巢、栖息的痕迹。现在，不仅大鵟成功入住了“生命鸟巢”，生活在这里的其他鸟类也在“生命鸟巢”里安家落户。“生命鸟巢”真正打开了三江源当地人民与鸟类及电网工程和谐共处的新局面!

请判断

大鵟会重新使用以前用过的巢。

A. 真的　B. 假的

嘉宾观点

小丽： 我认为是真的。我觉得大鵟对气味特别敏感，人工巢穴不能有人的气味，大鵟闻到人的气味可能就再也不来了，所以它应该会选择之前的巢。

小张： 我认为是真的。高原地区供鸟类筑巢的材料其实不多，如果能利用之前的巢穴，就能节省很多工夫。

原来如此

大鵟会在每年 5~7 月产卵，巢穴可以被反复利用。每年，大鵟会补充一些巢材，如果使用年限比较长，巢穴看起来就会非常大。

张博士的科学小课堂

大鵟会选择之前的巢穴，还会对它进行装修。在青藏高原一带，大鵟很难找到建筑巢穴的材料，所以没必要反复去建造新的巢穴，在这种情况下，大鵟更倾向利用原来的旧巢。过去，当人和动物发生冲突时，总是优先解决人的问题，往往忽略了动物的需要。今天我们主动给这些鸟建造人工鸟巢，不仅是观念上的巨大转变，也是推进生态文明建设的具体体现。

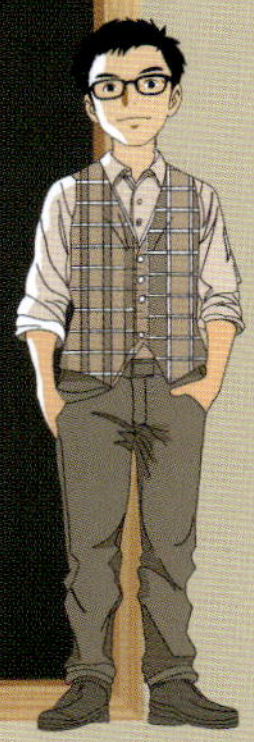

正确答案是A，你答对了吗？

红鹮宝宝诞生记

“天哪，红鹮一家添喜啦！”南京红山森林动物园里最近传来喜讯，许久没有生宝宝的红鹮夫妇最近产下了一枚带花纹的蛋。动物园里，动物朋友奔走相告，大家都非常高兴。

“红鹮……是火烈鸟吗？”河马大哥打着哈欠问。

“什么火烈鸟，你又认错了吧！”长颈鹿对河马大哥的粗心很不满。

红鹮妈妈也表示不服气：“虽然我们红鹮也是红色，但跟火烈鸟的区别还是很明显的，至少在个头上就没人家高。到了可以结婚的年纪，我们红鹮姑娘的毛色特别艳丽，除了长长的喙呈灰黑色，全身上下，包括腿和脚趾都是红色的。河马大哥，下次再看到毛色艳丽的鸟，可要仔细辨认哟！”

自从有了蛋，红鹮爸爸忙得不可开交，它要将家重新布置一番，等待宝宝破壳而出的那一天。

万事俱备，只欠东风。咦？红鹮宝宝这也太沉得住气了吧，

它待在蛋里，没有一点要出来的意思，这可急坏了爸爸妈妈。

为了红鹮宝宝能安全破壳，饲养员最终决定将它带到孵化间精心照顾。时间一天天过去，小红鹮终于破壳而出了。可是，刚出生的红鹮宝宝怎么长得黑乎乎的？

别惊讶，不像爸妈这件事一定要看得长远。红鹮宝宝刚出生时并不是红色的，随着年龄增长，它的羽色会发生很大的变化。

为了模拟亲鸟喂食的感觉，饲养员特意挑选了鸟喙造型的勺子，这样模拟自然状态下的哺喂，可以为小家伙回归家庭做好准备。

“孩子妈，快看，咱娃的身材跟你一样好呢！腿又直又长，这眼睛嘛，倒是有点像我。”红鹮爸爸不好意思地说。

“再过一阵子，我们一家人就能团聚了。”红鹮妈妈感叹道。它沉浸在做母亲的喜悦中，期待着小红鹮能早点回到它们夫妻身边。

“你说，它什么时候才能像咱俩一样，披上一身红色外衣呀？”红鹮爸爸希望红鹮宝宝能继承自己的高颜值。

“只要孩子身心健康，其他都不重要啦！”红鹮妈妈真诚地说。果然，关于母爱，天下的母亲都是一样的啊！

红鹮宝宝是名副其实的“丑小鸭”

请答题

幼年红鹮翅膀部位的羽毛什么时候开始变红？

A.1~2 个月　B.3~4 个月　C.5~6 个月

嘉宾观点

小泽： 我选 B。我养过和它体形相似的动物——鸡。小鸡身上是氄（rǒng）毛（细而软的毛），到亚成体的时候会变成羽毛，这差不多需要三四个月的时间，所以我觉得红鹮也差不多需要三四个月。

小宇： 我选 A。鸡是家禽，它被驯化了好多年，在鸡舍里面也没有太多危险。美洲红鹮没有被驯化，所以我觉得还是越早换毛越好。

安安： 我选 B。红鹮为什么出生时是黑色的？我觉得是因为它幼时能力很弱，需要一个保护色。三四个月之后，它有能力躲避天敌，也可以自己捕食了，这个时候它就可以换下保护羽了。

原来如此

红鹮和红鹳一样，并非天生拥有艳丽的羽毛，而是通过食物摄取虾青素和类胡萝卜素等，使羽毛增色，越变越漂亮。红鹮从刚出生时的灰黑色羽毛转变成亚成体时的淡橘色羽毛，需要 3~4 个月的时间，变色率先从翅膀处开始。等它一岁时，我们就能看到绚丽的橘红色羽毛了。

正确答案是 B，你答对了吗？

会变色的牛背鹭

动物观察员周杞楠是一名水下摄影师，这次，他带我们来到了风景如画的云南腾冲，在有着“中国第一魅力名镇”美誉的和顺古镇，我们观察了一种特别的鸟——牛背鹭。

牛背鹭在鹭科中体形较小，它们喜欢与爱吃草的家畜和野生动物为伴。除了寄生虫和昆虫，牛背鹭也会吃一些小鱼和蛙。

我们在一片草丛里发现了三只雪白的牛背鹭。周杞楠静悄悄地举起相机，忽然，一只牛背鹭舒展翅膀，振翅高飞，他赶紧按下快门，记录下这难得的瞬间。

当地村民告诉我们，傍晚五六点的时候，牛背鹭喜欢在远处山顶的一片大树林里栖息。我们决定到那边去看一看。

果然，在那片茂密的林子里，栖息着许多牛背鹭，远看仿佛是树上开出的朵朵白花。牛背鹭喜欢群居，休息的时候会集聚树梢，飞行的时候把头缩到背上，样子非常可爱。

在非洲博茨瓦纳共和国，牛背鹭是国鸟。

请判断

牛背鹭的羽毛在求偶期才会变成橘黄色。

A. 真的　B. 假的

嘉宾观点

小玉：我认为是真的。孔雀在求偶的时候会让自己的羽毛更漂亮，我觉得牛背鹭应该也会这样。

张博士的科学小课堂

牛背鹭在繁殖期的羽毛颜色会变得比较鲜艳，整个上半身会变成橘黄色。变色是为了吸引异性，这是牛背鹭的一个重要特点。但是在非繁殖期，它跟所谓的白鹭一样，羽毛都是白色的。

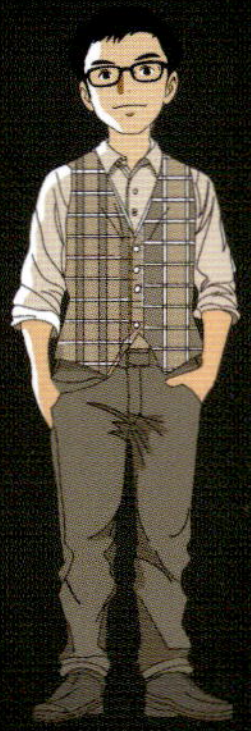

正确答案是A，你答对了吗?

在林子里休憩的牛背鹭

用智慧换来的美味

“我有一只乌鸦朋友，它曾在童话故事里凭借投石子并喝了几口水的小伎俩，一战成名。我灰喜鹊苦苦等待多年，终于可以通过本次实验向世人证明，我才是鸟类中的佼佼者！

“等等，话先不能说得太满，要想通关可没那么容易，只有找对方法、吃到虫子，人类才会承认我的本事！好吧，关于我的智能测试，现在开始啦！”

第一关　对水和沙子的辨别

科学家在两个一模一样的量杯里分别注入水和沙子，水位线和沙位线的高度一致，灰喜鹊把嘴伸入量杯时，嘴尖离这条线既有一定距离，又不至于相差太远。两个量杯里各放了一只小虫子。往水里投入石块，水位线会上升，但往沙子表面投入石块，小虫子所处的位置不会有变化。那么灰喜鹊会如何选择呢?

灰喜鹊叼起地面的石块，很可惜，它没有咬紧，石块掉在地上。它再次叼起石块，毫不犹豫地投进了盛水的量杯！一块、两块……干得漂亮，第一关挑战成功啦！

第二关　对石块重力的辨别

接下来，我们把表面相同的石块做成空心和实心两种类型。空心石块投入水中只能漂浮在水面，小虫子的位置不会有变化；实心石块投入量杯后沉入水底，水位线上升。为了增加难度，我们将两种石块混合在一起。那么，灰喜鹊会做出怎样的选择，它能够顺利吃到小虫子吗？

它来了！看到香喷喷的小虫子，灰喜鹊知道，这又是人类送到它嘴边的美味，于是兴致勃勃地叼起石块，丢进水里。不过，它的运气不佳，扔进水里的第一块石块只能漂在水面，这些石块果然用肉眼难以分辨！

它试着用嘴巴够了一下水面，可想而知，够到的难度极大。愣了一下后，灰喜鹊开始重复投石块的工作。这一次，它捡到了实心石块，水位线一下子上升了。它似乎摸到了其中的门道，发现石块存在重量上的区别，于是一鼓作气，接连选择了实心石块，投入水中。

成功了！当水位线上升至离杯口较近的高度时，灰喜鹊的嘴巴刚好夹住了小虫子。第二关挑战成功啦！

第三关　改变量杯的口径

这一次，科学家分别找来一粗一细两种量杯，尽管两只小虫子漂在水面的高度相同，但因为石块数量有限，只有将石块投进细的量杯中，灰喜鹊才能顺利吃到小虫子。

这一次，面对“超纲考题”，灰喜鹊有些犹豫。等待了几秒，它叼起一块石块，扔进了粗一些的量杯里。

“哎哟！”看到此情此景，科学家有些坐不住，遗憾地叫出声来。也不知道是听懂了人类的呼喊声，知道刚才自己做错了，还是发现了粗量杯水位线没有变化的端倪，灰喜鹊夹起第二块石块，掉转身体方向，将石块投入旁边的细量杯里。

一块、两块……它越投越起劲儿，似乎十分坚定自己的选择。终于，它用智慧赢得了美味，这小虫子吃起来真香！第三关挑战成功啦！

第四关　不同水位线的考验

这次，科学家找来两个完全一样的量杯，但在杯里注入不等量的水，水位线一个高、一个低，还提供了有限的石块。这次灰喜鹊能做出正确的选择吗？

实验开始了，灰喜鹊跳上木杆，左看右瞧。它观察水面的角度呈俯视角，这种角度似乎很难看出两个量杯里水位线的差异，科学家不禁为它捏了一

把汗。只见它叼起一块石块，不假思索地把石块丢进高水位线的量杯里，轻松取到了小虫子。嘿，真厉害！第四关挑战成功啦！

第五关　U 型管考验

这一次，难度升级。科学家设置了一个 U 型管（如图），底部是连通的。小虫子被放置在 U 型管的细管里，U 型管的粗管则和另一侧独立的量杯在粗细、水位线高度等方面保持一致。我们将地面盖板制作成不透明的塑料板，灰喜鹊无法看清 U 型管底部的玄机。那么这一次它会如何表现呢？

信心十足的灰喜鹊叼起石块，投掷进那个独立的量杯里。它转过头希望叼起小虫子，却发现水位线没有丝毫变化。它有些烦躁，试图向细玻璃管中伸嘴，直接够小虫子，不过，依靠蛮力是解决不了问题的。又过了一会儿，它开始改变策略，向 U 型管的粗管里投掷石块。一边做一边观察，它惊喜地发现，细管中的水位线升高了！沉住气，不断尝试，它终于找到了窍门，吃到了用智慧换来的美味！

请答题

以下哪一项不是灰喜鹊智商高的原因？

A. 大脑所占身体比例高、脑沟壑多

B. 适应性强　C. 以肉食为主

嘉宾观点

小张：我选 B。如果动物的脑容量大、沟壑深，它的智商就会高一些。要想有大容量的大脑，就要摄取足够的能量，吃植物是很难供给大脑这样的能量的。

安安：我选 C。实验中灰喜鹊发现水位线没有上升，便立刻向另一个量杯里投石子，可见它的适应性很强。

原来如此

灰喜鹊大脑所占身体的比例高，脑容量大，脑内沟壑纵横，因此拥有较高智商。它们的适应性强，能较快应对复杂的生存环境。灰喜鹊是杂食动物，但是智商高低和食性没有必然的联系。

张博士的科学小课堂

大家一般都会觉得，智商高的动物需要通过吃肉来补充大脑营养，但其实它们之间没有必然的联系。研究动物时，我们会关注一门交叉学科，就是对动物认知的研究。它的研究方向包括动物行为学和心理学。科学家通过对动物认知的研究来弄清动物的思考过程，了解它的智力、思维方式是怎样的，从而为未来揭示人类的思维认知模式提供重要的基础性研究数据与支持。

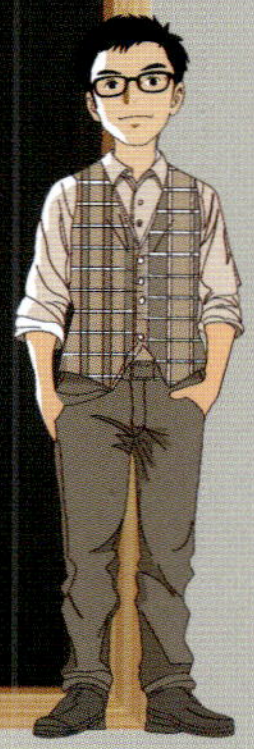

正确答案是C，你答对了吗？

主持人：“山寒多做雨，洞古不收云。夜宿听鸣麂（jǐ），晨炊摘野芹。”这首诗节选自沈长卿的《书壁四韵》，诗中的“夜宿听鸣麂”，让我们感受到古人在睡梦中与鸣麂相伴的美好意境。今天，咱们就身临其境地去感受一下鸣麂的美妙吧！

为自己正名的小麂

动物园里，一群游客正举着相机在拍摄：“哟，一只腼腆的小鹿，好可爱呀！”听到他们的话，我不禁皱起了眉头。嘿，我又被他们叫成“小鹿”啦！你们能好好看看我是谁吗？我才不是鹿呢，我叫小麂。

其实，叫错名字这件事也不能完全怪游客，因为不只有人类会“撞脸”，动物界的撞脸现象也比比皆是。海狮和海豹，猪獾和狗獾，非洲野犬和斑鬣狗……这些动物长得太相似，让人类分

不清楚。那么今天，我就来为我们小麂一族正名吧！

我们小麂是中国特有的鹿科动物，属于麂属动物中较原始的一种。据科学家考证，我们在地球上的生存历史已有 300 万年。

注意看，我们雄性小麂有一对短角，还有一对不太显眼的獠牙，是为数不多长有獠牙却吃素的动物，青草和嫩叶是我们的至宝。獠牙不仅能装饰我们俊俏的脸蛋，也方便我们打斗。战斗前，两只雄性小麂会先碰一碰对方的鼻子，初步切磋一下“武艺”；打斗中，我们会一改平时胆小、敏感、谨慎的性情，用短角和獠牙对决。对于贸然闯入的同类，我们的策略当然是御敌防卫，时刻准备战斗；而对于到访的雌性，我们可是热烈欢迎的！

摄影师给我的眼睛来了一个特写，嗯，算你有眼光！我的眼睛下方有一道深深的“裂缝”，这可不是我受伤留下的疤痕，而是我的额腺以及眶下腺，是我们小麂外貌的标志之一。

我们小麂的性格一般比较孤僻，不爱凑热闹。在野外，我们要么独自活动，要么以家庭为单位活动。现在，你们对我们小麂有所了解了吧！

请答题

雄性小麂会以哪种方式标记自己的领地?

A. 用面部蹭树枝、树桩等处

B. 喷洒尿液在树枝、树桩等处

C. 用舌头舔舐树枝、树桩等处

嘉宾观点

小丽：我选A。我看到小麂的脸有时好像湿漉漉的。我想，它的脸上是不是可以分泌独特的气味。

小宇：我选B。雄性动物的领地意识一般比较强，它们通常会拿自己的角或爪子在树上磨来磨去。小麂的角比较小，用这种方法标记领地太不方便，尿液却很容易获得。

原来如此

小麂的面部有发达的腺体，当雄性想在森林里标记领地，警示同类或其他动物切勿靠近时，它们会用发达的面腺蹭树枝、树桩等凸出的物体。

张博士的科学小课堂

中国古人管麂这种动物叫“吠鹿”，因为它们受惊时常发出短促、洪亮的吠叫声，就像狗的吠叫声那样。麂的体形比较小，善于在灌丛、草丛中穿梭。狗通过抬腿喷洒尿液来标记地盘，而麂，既然它有发达的面腺，就无须使用尿液，面部的腺体就能起到标记领地的作用。

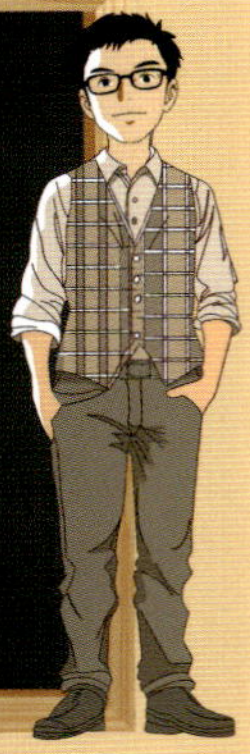

正确答案是A，你答对了吗？

“四喜”临门

“号外，号外！”《动物日报》的小记者急切地向大家报喜，“两只大熊猫在同一天生下了双胞胎宝宝，‘四喜’临门！”

大家都知道，大熊猫产崽是一个难题，因为它们的生育率很低，幼崽成活率也很低。这次，两只大熊猫都产下双胞胎，这可是动物园里的重大新闻，也是大熊猫繁殖史上罕见的一幕，难怪大伙儿这么兴奋！各地的记者在第一时间来到动物园，想一探究竟。

早在一个月前，饲养员就发现大熊猫“兰香”可能会诞下双胞胎。饲养员严阵以待，在临产前 24 小时实时监控兰香的状况，不敢有半点闪失！

2019 年 6 月 22 日 0 时 11 分，兰香的第一只幼崽诞生了，是雄性；又经过 40 分钟的等待，第二只幼崽也出生了，还是雄性！就在饲养员忙着照料刚出生的大熊猫幼崽时，隔壁产房里的大熊猫“莽仔”诞下了一只雌性幼崽。让所有人没想到的是，28 分钟后，莽仔的另一只雌性幼崽也出生了！这让饲养员喜出望外——兰香生了一对双胞胎兄弟，莽仔生了一对双胞胎姐妹。同一天诞

生两对大熊猫宝宝，动物园里此刻充满了喜悦的气氛。

“这两只大熊猫妈妈的生育过程没有经过任何人工干预，能在一天内‘四喜’临门，这在世界城市动物园大熊猫繁殖史上都是十分罕见的！”饲养员在接受《动物日报》小记者采访时高兴地说。

大熊猫妈妈产崽后身体非常虚弱，很难自己喂养幼崽，所以饲养员计划对幼崽进行人工育幼。喂奶、促排便，24 小时轮班照顾……看，两只雌性幼崽刚刚喝完奶，饲养员就把其中一只送到了大熊猫妈妈莽仔身边，把另一只留在了育幼室。

请答题

人们为何要将双胞胎大熊猫宝宝分开育幼？

A. 有利于大熊猫妈妈恢复　B. 保证幼崽存活率

C. 防止交叉感染疾病

嘉宾观点

小泽：我选 B。大熊猫普遍是一胎生一只。一下子生两只，大熊猫妈妈会照顾不过来，可能出现弃养行为，所以要隔离一只，保证存活率。

小宇：我选 C。双胞胎本来就很珍贵，如果染上了病就更加麻烦了，我觉得分开育幼，防止交叉感染更合理。

原来如此

资深科普达人杨毅：大熊猫在野外如果生了双胞胎，它一般会选择最强壮的、叫声最洪亮的宝宝来养育，另一只就会被弃养，因为养育双胞胎对大熊猫妈妈来说，是一件非常消耗身体能量的事。在动物园或者大熊猫繁育基地，工作人员肯定不能让被弃养的幼崽死亡，所以要将双胞胎大熊猫宝宝分开育幼。这种育幼方式被称为“一熊（大熊猫）带双崽”，这样一来，不仅宝宝们都能吃上母乳、提高抵抗力，还能让大熊猫妈妈更好地展示母性。

正确答案是 B，你答对了吗？

母螳螂平反记

最近，昆虫王国传出一则可怕的消息：母螳螂“秋秋”把它的新郎“多多”给吃了！昆虫王国里“虫虫自危”，提螳螂而色变。这到底是怎么回事呢?

这天深夜，树丛里传来一阵窸窸窣窣的声音，母螳螂秋秋正在觅食。一群萤火虫发现了秋秋并把她团团围住。看见身边越聚越多的萤火虫，秋秋十分害怕，辩解着：“你们不要听信谣言，我没有吃我的丈夫！”

可是，谁信她的话呢? 不一会儿，更多昆虫赶来了。大家你一言、我一语，都在讨论着要把秋秋赶出昆虫王国。

秋秋放声大喊：“你们不了解事情的经过，更不知道事情的真相！你们怎么能轻信谣言，赶我走呢？”

突然，所有虫儿安静了下来，原来是昆虫王国里资历最老、最威严的蝉爷爷飞来了。蝉爷爷落在秋秋身边，对在场的所有虫儿说：“大家的确误会秋秋了，母螳螂是不会吃公螳螂的。我年

轻的时候，曾在人类创办的科学院里生活了一个夏天。就是在那里，我知道了螳螂界并不存在母螳螂为了产卵、补充能量而吃掉公螳螂的说法，这种说法是没有科学根据的！”

秋秋见蝉爷爷还了她的清白，感激地说：“谢谢蝉爷爷，我们螳螂真的不会互相残杀，这个谣言全是蝗虫编造的！那天，我丈夫为了救我和我肚子里的孩子，和入侵的蝗虫打了起来。它身受重伤，而我为了保住孩子，只好先飞走了。后来，谣言就传遍了昆虫王国，让我有口难辩……”

“秋秋说得没错！大家最近可能感受到了气候的反常，植被也被破坏，这是因为一批来自西亚和北非的蝗虫在捣乱！它们所到之处寸草不生，现在还要来占领我们昆虫王国。多多不是被秋秋所吃，而是被这些蝗虫害死的。多多打响了我们对抗蝗虫的第一枪，它是我们昆虫王国的英雄啊！”蝉爷爷补充道。

“秋秋，我们错怪你了，请你原谅我们吧……”大家纷纷向秋秋道歉。

请判断

雄螳螂会为了下一代，自愿献身给雌螳螂吃。

A. 真的　B. 假的

嘉宾观点

小丽：我认为是真的。雄螳螂愿意把营养留给后代，雌螳螂也愿意为生育补充营养。

小泽：我认为是假的。雄螳螂不会为了下一代让雌螳螂吃掉自己。交配完以后，雄螳螂会直接飞走。

螳螂头部呈三角形，复眼大，触角细长；胸部具翅两对、足三对，前足粗大呈镰刀状。分布很广，我国常见的品种有中华绿螳螂、斑小螳螂等。

原来如此

资深科普达人杨毅：螳螂没有那么高的智商，它们的生存策略就是繁衍后代，把基因延续下去。之所以会有“妻食夫”的传言，是因为雌螳螂的个头看着比较大。在国产动画片《黑猫警长》中，雌螳螂吃雄螳螂的情节是为了文艺创作而进行的加工，现实中不太可能发生这样的事情。

正确答案是B，你答对了吗？

绿蠵龟写给人类的一封信

亲爱的人类小朋友：

你好！或许在你看到这封信的时候，我已经离开了我深爱的大海，离开了美丽的地球。虽然我依依不舍，但生命有时就是这么脆弱。我写下这封信，是因为我想在生命的最后一刻，把心里话说给你听。

或许你无法想象，眼下我正饱受剧痛的折磨。令我沮丧和崩溃的是，我并不知道这种剧痛来自身体的哪个部位，好像是胃，又好像是肠……

大家都叫我绿蠵（xī）龟，也叫我绿海龟。在我生活的南太平洋海域，我是当之无愧的游泳能手。我们海龟从出生到长大，一路千辛万苦。有人曾统计过，每 1000 只小海龟中，只有 1 只能顺利长大，所以你能在海洋中看到成年的我们，是一件非常幸运的事。除了人类，我几乎没有天敌。我希望自己能和长辈们一样，快乐地生活，畅游在这缤纷的海底世界。遗憾的是，近几年，我们海龟家族好像中了魔咒，当一只海龟长到我这么大的时候，身体便会经历一段时间莫名的剧痛，有些甚至会走向死亡。我的同伴好多都在我这个年纪中了这个魔咒，而这个魔咒和我们爱吃的水母有关……

你知道吗？我们可喜欢吃水母了，它们滑溜溜、脆生生的，一口咬下去，别提多好吃了。现在想到水母的味道，我还忍不住流口水呢！

当我独自在海里畅游时，阳光折射到海水里，温暖、干净。一只只水母会从我眼前漂过，我慢慢地游过去，一口咬中它们……后来，我发现海里的水母变多了，而且变样了——口感和味道都没有以前那么好了——现在我才知道，我吃下去的不是水母，而是人类丢弃的塑料袋。再后来，我的腹部出现了不舒服的感觉，又慢慢从不舒服演变成剧痛。

我病了，我害怕极了。我目睹了我的好几个同伴离开了这个世界，它们离开的时候带着痛苦和忧伤。我不知道该怎么办，我想呼救。如果有人看到我，请救救我！请告诉我，海洋到底怎么了，好吗？

此致

致礼！

爱你的绿蠵龟

请判断

海龟会因为视力不佳而误食塑料袋。

A. 真的　B. 假的

嘉宾观点

小泽： 我认为是真的。人类发明塑料袋的时间并不长，海龟没有办法识别那是什么。

小浩： 我认为是真的。海龟以水母为食，在水里，塑料袋和水母非常像，海龟肯定以为那是水母，所以就误食塑料袋了。

原来如此

资深科普达人杨毅： 海龟很爱吃水母。虽然对人类而言，水母具有毒性，但海龟不怕这种毒性，它们会咬下一大块水母，吸进嘴里大快朵颐。海龟的视力的确很差，无法辨别塑料袋和水母，在海洋里漂浮的塑料袋极容易被它们当作食物。短期内，塑料袋在海水中很难降解，有的降解过程甚至达上百年。塑料袋被海龟食用后，很难排出体外。除了海龟，每年因塑料袋而死亡的海洋生物数量庞大到难以估计，因此，控制向海洋排放塑料垃圾对保护海洋生态系统而言至关重要。

张博士的科学小课堂

很多人认为自己并没有直接扔塑料到海洋中，海洋中怎么会有数量如此庞大的垃圾呢？其实人们忽略了往海洋排放垃圾也是处理垃圾的一种方法。为了拯救地球生态，当务之急是要减少塑料制品的使用，这样才能保护海洋环境，保护海洋环境也是在保护人类自己。

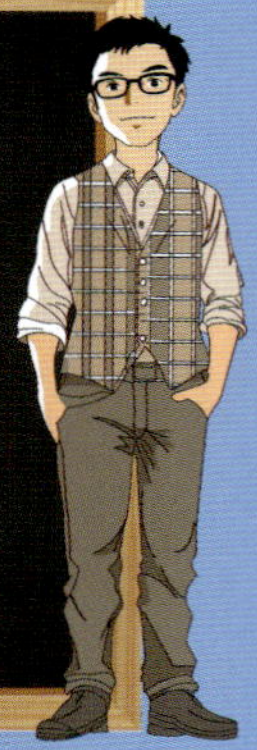

正确答案是A，你答对了吗？

主持人：无论你走到哪儿，妈妈总是最牵挂你的人。她们会告诉你为人处世的技巧，甚至等你上学远走高飞了，“该不该穿秋裤”这样的问题也会关心到位。其实，除了人类，动物妈妈也是相当操心的，今天我们就去看一看一个操心的动物妈妈吧！

小飞象“伊娃”

大家好，我是一只亚洲象，我的名字叫“伊娃”，我出生在云南亚洲象种源繁育及救助中心。我很有名气，在网上有50多万粉丝！什么，你问我为什么这么招人喜欢？嘿嘿，那是因为我有些调皮，玩出了别的亚洲象玩不出的新花样。听我给你慢慢道来。

我一出生，就显示出了不凡的特征——只用了5分钟，就自己站立起来。这在亚洲象的成长纪录里可是没有的，我打破了亚洲象从出生到站立最短的时间纪录！

我在网上有一个外号，叫作“小飞象”。我可以用后腿跪地，从山坡上滑下来，就好像在飞一样。我挺喜欢这个外号的。

我是妈妈的第一个孩子，所以它很疼爱我，我也很爱它。妈

妈总让我学习野外生存技能，每次遇到恰当的时机，它总会说：“宝贝，你将来会独立生活，妈妈要把在野外的生存技能告诉你。你看这些叶子，这种是可以吃的，那种是不能吃的。”

“妈妈，你说的我一点也记不住啊。我还是去山上滑坡吧！”

“这孩子……宝贝，你要好好学习。你看你走路的样子，要是在野外也这样，是很危险的。”

“妈妈，别着急，虽然我现在还不想学习野外生存技能，但是我知道妈妈说的都是对的。我总要长大，长大了，我会像妈妈那样，分辨哪些植物可以吃，哪些地方可以去，哪里会有危险，哪里可以睡觉！放心吧，我一定会成为一只强壮的大象！”

除了有妈妈的爱，饲养员罗青哥哥对我也特别好，我甚至会“欺负”他——有时他走到我身边坐下，我趁他不注意，用后腿轻轻踢他，或用鼻子顶翻他……这些视频被罗青哥哥发到了网上，我就成了“调皮捣蛋”的代名词。

虽然有很多人在看过视频以后会跑来跟我合影，我也会配合他们，但我还是最喜欢跟妈妈一起玩耍。毕竟人类有人类的生活，大象也有大象的生活。好了，如果你喜欢我，有空就来网上看我滑坡吧！嘘——小声点儿，别让我妈妈听到，不然它又要担心我啦！

请答题

以下哪种技能是小象需要跟妈妈学习的？

A. 用耳朵扇风散热　B. 用尾巴驱赶蚊虫

C. 用鼻子喝水

嘉宾观点

小泽：我选 C。我觉得 A 和 B 是比较简单的技能，而用鼻子喝水就不一样了，小象需要知道它要使多大力、要吸多少水才不会被呛到，这是它需要学习的技能。

安安：我选 A。用鼻子喝水应该是大象天生就会的技能，大象要是生下来不会喝水，那还不得渴死？

原来如此

大象和灵长类动物一样，智商很高，它们一生需要学习的东西有很多。小象刚出生的时候是不会使用鼻子的，有时候走着走着还会踩到自己的鼻子，绊上一跤，非常可爱。

张博士的科学小课堂

亚洲象的耳朵很大，具有散热功能，它扇耳朵的动作是无意识的，这是一种先天的、具有遗传性的行为；驱蚊也是如此。小象不是天生就会使用鼻子，要经过后天锻炼，才能灵活运用象鼻完成复杂的动作，比如喝水、取物等。其实大象跟我们人类有点像，就是生下来并不是什么都会，需要后天的学习。人类婴儿一开始只会吃和睡，其他能力需要在成长的过程中一点点学习。最重要的是人类的大脑很发达，学习能力非常强，所以人类社会才会不断进步。

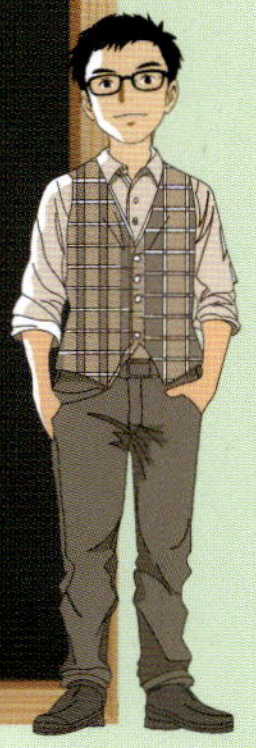

正确答案是 C，你答对了吗？

大熊猫幼儿园

大熊猫还有幼儿园？那当然啦！中国大熊猫保护研究中心神树坪基地就有一家大熊猫幼儿园，18 只大熊猫宝宝生活在这里，人们给它们取了有趣的名字——“团子”。

大熊猫幼儿园有点像人类的幼儿园，会按照它们的体形大小和可食食物的硬度级别，分为大、中、小三个班。

大班的团子看起来很呆萌、调皮，它们能力强、想法多，经常不听饲养员妈妈的话；小班的团子太小了，爱闹腾，动不动就跟饲养员妈妈捣乱；只有中班的团子比较……哎，不对！中班的团子也不让人省心，调皮搞怪的都在这个班！

中班这只看起来呆头呆脑的团子叫“玲琅”，它可是幼儿园里最调皮的。这不，饲养员妈妈正在打扫卫生，玲琅晃晃悠悠地爬过去，抱住她的大腿不放手。

“哎哟，你抱住我干什么？”饲养员妈妈被玲琅弄得没办法打扫卫生，无奈之下，只好把它抱起来放到一边。嘿，玲琅又爬了过去，这回它抱住了笤帚——没有笤帚我看你怎么扫地？这可把饲养员妈妈气得够呛。

幼儿园的一天是从美味可口的早餐开始的。饲养员妈妈早早地来到厨房，给18只团子准备早餐——盆盆奶和新鲜的竹笋。

“吃早饭喽！”饲养员妈妈把盆盆奶分别放在幼儿园的各个角落，招呼团子们用餐。接着，她数了数：“咦，怎么少了一只？”果然又是玲琅，它不知道跑到哪里去了。

饲养员妈妈端着盆盆奶寻找玲琅。玲琅爬到了高高的树顶，伸着懒腰，打着哈欠，一副悠然自得的模样。

“快下来吃早餐啦。”饲养员妈妈敲着盆盆奶呼喊玲琅。

盆盆奶可是玲琅最喜欢的早餐，听到声音，玲琅吞了吞口水——好吧，那我就下来吧。它晃动着胖胖的身体，灵活地从树上爬下来。

喝完盆盆奶，饲养员妈妈要给团子擦嘴，然后分发竹笋。嘿，大家都有份，怎么又抢起来了？原来是玲琅一口把旁边团子的竹笋咬掉了一大半，饲养员妈妈只好再给缺少竹笋的团子补上。她摸了摸玲琅的头，批评它：“不许抢别的团子的食物。”玲琅似乎听懂了，低头吃起了自己的竹笋。

吃完早饭，18只团子都累了，它们回到自己的地盘，准备美美地睡上一觉。饲养员妈妈趁着团子们睡觉的当口，也可以休息一下了。

请答题

大熊猫宝宝喝的盆盆奶的主要成分是什么？

A. 狗奶　B. 羊奶　C. 牛奶

嘉宾观点

小丽： 我选C。我是根据营养摄入考虑的。羊奶的营养价值会比牛奶更高一点，但是人喝羊奶容易上火，不是最好的方案，所以我觉得应该是牛奶。

原来如此

盆盆奶是一种混合配方奶，主要成分是牛奶，里面会添加增强免疫力和易消化的物质。

资深科普达人杨毅： 在中国大熊猫繁育中心，人工育幼刚出生的大熊猫宝宝时，会选用大熊猫妈妈的初乳；在成长后期，母乳无法供给的情况下，便改用配方奶粉，其主要成分是牛奶。给刚出生的大熊猫宝宝喂奶时，角度很有讲究——饲养员会用大拇指托起宝宝的前胸，让它的身体倾斜 40°～45°，然后喂奶；喂完奶后，饲养员还会用食指和中指在它背上轻轻地弹，给它拍嗝。

正确答案是C，你答对了吗？

憨态可掬的大熊猫宝宝常常喜欢爬到树枝上睡觉或玩耍

主持人：对于动物而言，体形和负重可不一定成正比。一些体形小巧的动物，往往能爆发出惊人的力量。一起去看看吧！

小蚂蚁大力士

秋风送爽，五彩斑斓的树叶将森林装点得格外俏丽。高耸的参天大树下，一年一度的蚂蚁举重比赛正如火如荼地举行。今天的决赛有切叶蚁、针毛收获蚁和红火蚁三支队伍，它们谁能在本次比赛中勇夺冠军呢？让我们拭目以待！

现在向我们走来的是切叶蚁方阵。它们一个个精神饱满、气宇不凡。与别的蚂蚁不同，它们总爱举着鲜嫩多汁的绿叶，迈着整齐划一、铿锵有力的步伐。本次比赛，它们挑战的重物正是其自身体重 100 倍的树叶！嗯，没问题，挑战成功！

第二组登场的选手是针毛收获蚁。它们能够“蚁”如其名，在本次比赛中收获冠军奖牌吗？哎，和切叶蚁整齐划一的方阵相比，它们的队形倒有些稀稀拉拉。“诸位评委，不是举重比赛吗，关队形什么事啊？我们针毛收获蚁喜欢贮存植物种子，眼下我们正在搬运的是自身体重 400 倍的草种。怎么样，大力士的称号非我们莫属吧？”哟，这么一说也很有道理，夺冠热门选手针毛收获蚁，我们看好你们！

针毛收获蚁（供图 / 视觉中国）

切叶蚁

接下来，欢迎去年的冠军——红火蚁闪亮登场。它们一亮相，就如万马奔腾、蛟龙临渊。今年，它们能否举起自身体重600倍的物体，打破去年创下的纪录呢？

看，红火蚁看中了一只白粉蝶，对它发起了进攻。它们扼住白粉蝶的喉咙，击晕了它。将白粉蝶举过头顶的那一刻，它们露出了胜利的笑容。恭喜本年度大力士冠军奖杯的获得者——红火蚁，让我们为冠军和所有参加本次比赛的大力士鼓掌欢呼吧！

请答题

蚂蚁在负重前行时，主要的发力点在哪个部位？

A. 颈部　B. 胸部　C. 腹部

嘉宾观点

安安：我选C。我观察到蚂蚁举起食物的时候用腹部点地，向上举，所以我觉得是腹部发力。

小宇：我选A。举起猎物时需要用脑袋顶起猎物，所以颈部作为支点，需要很大的力量。

原来如此

资深科普达人杨毅：切叶蚁、针毛收获蚁和红火蚁的主要食物是虫子。它们的脑袋里有许多结实的肌肉，会带动两片颚牢牢夹住猎物，颚就像举重运动员的双手；为了搬运食物回家，它们需要爬行，腿部的力量就显得尤为重要——移动时，蚂蚁的三对足会前、中、后进行组合，形成稳定的三角形结构，这样能有效分担重量，实现搬运；举起食物后，蚂蚁要确保自身和重物的联合重心于六条腿的支撑之下，这时，蚂蚁高昂起头，颈部是其重要的承重点，就像举重运动员的腰部。因此，蚂蚁负重前行时的主要发力部位在颈部，颚负责抓牢食物，腿负责行走。

正确答案是A，你答对了吗？

动物“身份证”

人类的指纹是终生不变且各不相同的，因此，居民在办理身份证时都会被采集指纹。假如动物也要办理身份证，它们的专属标识又是什么呢?

带着这个问题，动物观察员路伦一准备去动物园里一探究竟。

小路见到的第一个动物是黑猩猩“珂伊”。既然同属灵长类，招呼它按压手掌印泥，检测有没有指纹便是必不可少的环节了。可是，这小家伙太调皮了，已经围着小路坐的椅子转了十几圈，依然不肯检测，小路都快被它转晕了。

“嘿，别转了行不行? ”小路一脸苦笑，无奈地问。

珂伊似乎感受到了小路的无奈，终于停了下来。小路拿出准备好的印泥，饲养员安抚住珂伊的情绪，让它顺利盖出了一枚掌印。小路仔细观察，发现黑猩猩是有指纹的。

饲养员告诉小路，所有灵长类动物都有专属的指纹和掌纹。看来，可以让珂伊去公安局申请它的专属身份证了。

那么，其他动物的身份标识是否也在手上呢? 饲养员摇摇头说：“不是，隔壁的动物就不是。”

隔壁也有动物? 带着好奇心，小路来到隔壁房间，见到了三只狮子宝宝。“甜甜”“丹丹”和“阳阳”和正在围栏里打闹，

见饲养员和小路进来，它们又蹦又跳，兴奋极了。

饲养员先给小路介绍："丹丹是雌性，阳阳也是雌性，甜甜是雄性。"

小路背过身，让饲养员带着三只小狮子玩了一会儿，然后再转过身，准备辨认它们。

"你能辨别出它们吗？"饲养员问。

小路认出了甜甜："甜甜是雄性，脊背上黑色的毛非常明显。"饲养员说小路猜得没错，这下可让小路有了自信，他接着指认："这是丹丹，它的鼻头颜色深；这是阳阳，它的鼻头颜色浅，我猜得对吗？"

"哎，你刚才指的阳阳其实是甜甜……"费了九牛二虎之力，竟然来了个"一狮两猜"，小路一下子没了信心。要是给它们做身份认证，到底该从哪里区分呢？

饲养员告诉小路，狮子吻部胡须的毛囊斑是它们的专属标识。从出生开始，这些毛囊斑的数量、排列顺序都不会发生变化，会伴随它们的一生。

那么，我们的问题来了，家里养的宠物狗，它们的专属标识是什么呢？

请答题

狗狗的专属标识在什么部位？

A. 虹膜颜色　B. 胡须的毛囊斑　C. 鼻纹

嘉宾观点

小张：我选C。我家养了两只狗，我在摸它们鼻子的时候发现，它们有一些细微的差别。

资深科普达人杨毅：这个世界上没有完全一样的动物个体，我们人也是。动物的专属标识是多种多样的，比如斑马是斑纹、老虎是身体两肋处的条纹、袋鼠是嘴部长胡须的毛囊斑、狗和牛则是鼻纹……我们可以通过科学技术找到动物的某些固定特征，并用高科技手段对动物进行检测、管理和保护。

中国科学院自动化研究所王金桥研究员：我们可以利用人工智能中的精细识别技术，来判断动物的身份。下面，我给大家做个试验。这里有三只肉眼不易区分的比熊犬，其中一只是我的试验对象。我将试验对象的照片提前输入了人工智能设备，然后利用设备依次扫描了面前的这三只比熊犬，看它能否找出与照片相对应的比熊犬。结果显示，这三只比熊犬与照片的相似度分别为38%、39%和97%。通过与狗主人确认，这只相似度为97%的比熊犬确实是照片中的比熊犬，也就是我的试验对象。设备在识别比熊犬时，比对的正是它们的鼻子。这项技术在未来也可用于城市宠物的识别与管理。

正确答案是C，你答对了吗？

被告上法庭的公鸡

大家好，我是一只公鸡，也是今天《动物生存大讲堂》的主讲老师。我们生活的这家农场环境优美，大家能在山坡沟壑间自由地奔跑、嬉戏。每到饭点，农场主便会给我们送来美味的食物。我们天性好动，为了保护眼睛，避免在打斗中受伤，农场主在我们的喙上加装了圆形的眼睛挡板。你可别小看这挡板，装上它以后，即使我们打斗得再凶，也不至于啄瞎眼睛，弄得两败俱伤了。

大家都说我们是歌唱家，是的，我们公鸡最喜欢打鸣了。仰起头，对着天空高歌一曲，真是痛快。

你们人类常说“一唱雄鸡天下白”。其实大多数人都知道，我们会在天亮时打鸣，但大多数人不知道，我们随时随地都会打鸣：打架的时候、表白的时候、光线和声音出现变化的时候……打鸣是我们的沟通方式，就像你们人类使用语言沟通那样。

前不久发生了一件奇特的事，我们远在法国的公鸡兄弟因为打鸣被告上了法庭。听到这个消息，我也被吓了一跳。打鸣还会被告上法庭，这是怎么回事呢？

原来，这只被告公鸡叫“勒雷”，每天都要高歌一曲，堪称“世纪惊雷”。有一天，附近的人类邻居实在受不了了，就把勒雷和它的主人告上了法庭。

法院受理了此案，他们派人测量了勒雷打鸣时的分贝值。法院的工作人员拿着分贝仪靠近勒雷，测出它的“世纪惊雷”达到了 95 分贝！听说，人类可以承受的声音强度是 70 分贝，若长期处在高于 85 分贝的环境里，人类的听力会被严重损害。嘿，我这个法国兄弟，打鸣的声音还真是响得很。

法院的工作人员又把分贝仪放在勒雷头部，测出来的数值居然高达 130 分贝，这相当于喷气式飞机起飞时，发动机发出的声音。哈哈，勒雷真不愧是公鸡中的“战斗机”！

法院开庭审理了此案。没想到，勒雷竟然胜诉了——法官认为，鸣叫是公鸡的天性，人类无法干预也无法改变！

看吧，在人类看来我们是在打鸣并产生噪音，可对于我们公鸡来说，这是在歌唱——歌唱美好的生活。

好了，接下来，老师要给同学们布置一道作业题了，你们快来挑战吧！

请判断

公鸡打鸣不会振聋自己，是因为它听到的声音没有那么大。

A. 真的　B. 假的

嘉宾观点

小丽：我认为是假的。它应该可以听到自己叫的声音很大，但这个声音在它可承受范围内。

小张：我认为是真的。公鸡的耳朵长在眼睛后面，有一层薄薄的绒毛盖着，不能很好地收音，所以它听到的声音应该没有我们听到的那么大。

原来如此

公鸡的外耳道和内耳道在张嘴和闭嘴的状态下完全不同。打鸣时，上喙会张开到最大，这个动作能放松鼓膜，让公鸡四分之一的外耳道完全关闭，下垂的软组织会覆盖住二分之一的鼓膜，而且打鸣的动作会牵动控制听小骨活动的肌肉，产生10~20分贝的降噪效果，所以公鸡的抗噪能力很强。不仅是公鸡，母鸡也有独特的降噪本领。最新的科学研究表明，母鸡耳朵周围有很多微小的纤毛细胞，可以起到有效的降噪效果，这些细胞如果遭到噪音的破坏还可以再生，所以母鸡也不会被公鸡的打鸣声振聋。

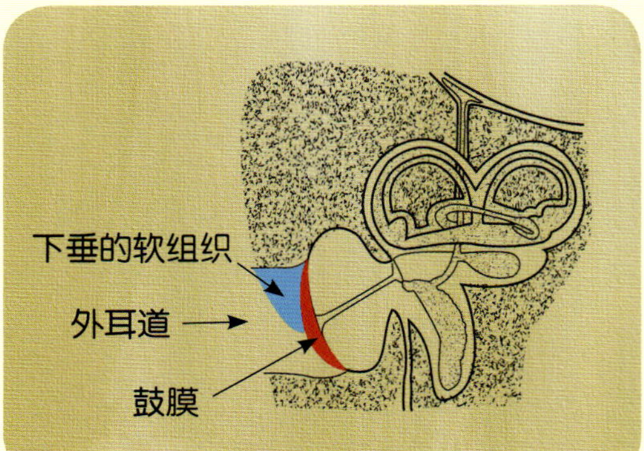

正确答案是A，你答对了吗？

正在享受日光浴的胖秃鹫

飞不起来的胖秃鹫

大连旅顺口区白玉山上的鸟类救助站最近上了网络热搜，原因是有一只秃鹫因为在救助站里吃得太好，胖到飞不起来了。秃鹫真的能胖到飞不起来吗？动物观察员路伦一打算去大连一探究竟。

大家可能经常把秃鹫跟兀鹫混淆，其实只要你记住“秃鹫不秃，兀鹫才秃”这句话，就好区分了。秃鹫不像兀鹫那样，需要伸头去吃动物尸体里的内脏，秃鹫可以直接吃腐肉，所以它们的喙部坚硬有力，在进食中，脖子上的毛领可以防止腐肉弄脏身上其他部位的羽毛。秃鹫属于鹰科，是大型猛禽，外形看着就很吓人。它是中国翅膀最大、体形最大、体重最重、飞得最高、长相最丑、叫声最难听且吃的肉最臭的鸟。秃鹫还有很多地方别名，如坐山雕、狗头雕、狗头鹫等。因为它喜欢栖居在高山高原地带，又名高山秃鹫。

动物观察员小路来到鸟类救助站，见到了传说中的胖秃鹫。它正在笼子里悠闲地晒太阳，浑圆的身体使它看起来并没有一般大型猛禽的凶狠劲儿，相反还有些呆萌之态。

小路小心翼翼地走进笼子，胖秃鹫抬头看了一眼小路，那表情好像在问：“你瞅啥？”因为是第一次近距离见到秃鹫，小路非常兴奋，他仔细地观察着胖秃鹫，一看就是好久。胖秃鹫被盯得有点不耐烦了，慢慢踱着步子，走到一边继续晒太阳。

工作人员要给胖秃鹫称体重，这回，轮到胖秃鹫不乐意了，在笼子里躲躲闪闪。小路发现，胖秃鹫果然飞不起来，只能用两只脚在笼子里来回跑。

工作人员捉住胖秃鹫，连人带鸟放到秤上一称，92.25 千克；再单独称人的体重，80.35 千克。所以，这只秃鹫的实际体重是 11.9 千克，比上一次称重时少了 0.1 千克。胖秃鹫在一边瞪着眼睛，好像在说：“0.1 千克还嫌少？瘦一点也是成就！”

工作人员告诉小路，其实对于大型猛禽来说，不会出现“胖到飞不起来”的情况。秃鹫的体重在 13 千克以内都算正常，这只秃鹫飞不起来并不是因为胖，而是因为疾病。

原来，胖秃鹫患有胃肠道疾病，因为没有得到及时治疗，发烧引起了肺炎，严重的病情让它暂时没办法展翅飞翔。

秃鹫的胃酸浓度极高，可以消灭大量致病细菌，因此它们又被称为“大自然的清道夫”，但即便这样，秃鹫还是会有“病从口入”的困扰，如果误食了病亡的小动物，就会感染肠道疾病。

工作人员给秃鹫打了一个星期的针，治好了它的肺炎，接着，他们还会治疗它的胃肠道疾病。我们很欣慰，胖秃鹫在工作人员的帮助下逐渐恢复了健康，工作人员会在它的脚上安装全球定

位系统跟踪仪，用科技手段监测秃鹫野放后的生活。

胖秃鹫的采访故事结束了，但我们的问题也随之而来，你做好准备了吗？

请答题

秃鹫放飞的最佳地点是（　　）。

A. 隐蔽高地　B. 宽阔平台　C. 背风山坡

嘉宾观点

安安： 我选 A。这只秃鹫好长时间没飞了，我觉得应该在高处放飞，使它有助飞的空间。因为秃鹫飞的时候是滑翔的。

小宇： 我选 B。我觉得宽阔平台可以让它借助风力起飞。

小泽： 我选 C。我曾在野外观测过野生动物，高山兀鹫中午 12 点才出现在天空中，因为它只有在暖气流来的时候，才能盘旋。所以我认为秃鹫也是这样的。

小玉： 我选 B。秃鹫的飞行能力其实比较弱，所以它需要借助宽阔的平台，而且不能有太多障碍物，才可以去寻找暖气流，慢慢上升。

原来如此

资深科普达人杨毅： 秃鹫飞翔前需要助跑，助跑后在悬崖边起飞，依靠气流将它托起。选择一个宽阔的平台能使它不受外界的干扰，更加灵活自如地飞翔。从事野生鸟类救助的人都知道，每年有两个鸟类救助高峰期，一个是春秋鸟类迁徙时，还有一个是幼鸟出壳离巢时。遇到需要救助的野生鸟类，我们可以拨打当地野生动物救助站的电话或“110”，由他们进行处理，遇到幼鸟我们最好不要将它们捡回家，因为大自然才是它们的家园。

正确答案是 B，你答对了吗？

主持人：今天的《动物生存大讲堂》，我们请来的动物老师可不得了。它是谁呢？我给大家三点提示：第一，它见过恐龙；第二，它擅长熬夜；第三，它眼中的你们都是倒着的。猜到了吧？它就是蝙蝠！让我们一起走进它的课堂吧！

“黑暗骑士”的自白

一轮明月悬挂在深蓝色的夜幕中，潮湿的洞穴内伸手不见五指。突然，一阵“扑棱棱”的声音传来，“黑暗骑士”从洞穴中飞出，飞进了苍茫的夜空。

“黑暗骑士”是谁？这还用问，当然是我——大名鼎鼎的蝙蝠啊！你问我为什么叫“黑暗骑士”？你看过电影《蝙蝠侠》吗？那是人类对我们的讴歌和赞美。

我知道有人会把我们跟传说中的“吸血鬼”联系在一起，但是，在 1200 多种蝙蝠中，只有 3 种蝙蝠是靠吸血为生的，但它们喜欢舔舐牛羊等哺乳动物的鲜血，并不会打扰人类。其实，有 70% 的蝙蝠是以昆虫为食的，不仅如此，我们还会消灭真正吸食人血的蚊子。据统计，一只蝙蝠一小时内可以吃掉 1000 多只蚊子。想一想夏天你被蚊子咬得满身是包、痛苦难眠的情形，是不是该感激我们呀？

我们蝙蝠家族中还有一种果蝠，它们在吃花蜜和果实的同时，还能帮助植物传授花粉。例如，东南亚的长舌果蝠就是

栖息在树上的果蝠群

榴梿树唯一的授粉者。可以说，没有我们，人类会与许多果蔬失之交臂。我们用各种方式，在黑暗里守护着这个世界。

你说人类因为我们而发明了雷达？不，雷达发射的是电磁波，我们发射的是超声波，它们根本不是一回事。雷达在 20 世纪初就被人类应用到军事领域，而我们“回声定位”时使用超声波的秘密，直到 20 世纪 40 年代才被人类发现。

你说因为有了“回声定位”，所以我们的视力很差？哎，你又错了，我们的视力其实一点都不差。

夜晚太黑，我们有从喉部和鼻叶发出的“回声定位”；森林里干扰太多，我们有超强的视力；我们的听力也很好，被我们盯上的猎物，很难逃掉。要是有人愿意雇佣我当私人侦探，那可就找对“蝠”了，跟踪调查一条龙服务，包您满意！

请判断

蝙蝠接收超声波只能依靠耳朵。

A. 真的　B. 假的

嘉宾观点

小丽： 我认为是真的。蝙蝠的耳朵大而凸出，就像一个接收器，是用来接收超声波的。

小宇： 我认为是假的。它可能也会用鼻子接收超声波。

小泽： 我认为是真的。我见过的蝙蝠耳朵都比较大，它又有那么大的耳屏，应该不会是个摆设。

安安： 我认为是假的。蝙蝠除了用耳朵，还会用嘴巴接收超声波，因为它的嘴巴在正前方。

原来如此

蝙蝠从喉部和鼻叶处发出超声波，再用它大大的耳朵接收超声波。蝙蝠通过“回声定位”的方式来判断物体的方位，这种定位是高度准确的，几乎没有误差。蝙蝠的皮膜上有很多微小的凸起，那是它们的触觉感受器。这些凸起对皮膜周围的空气流动十分敏感，当蝙蝠的皮膜角度有偏差或在飞行中发生偏移时，凸起里的细胞活动就会变得剧烈并发出反馈信号，从而纠正位置。

资深科普达人杨毅： 有人说蝙蝠离人类的生活很遥远，但在夏季，蝙蝠会频繁出现在城市上空。它们也是环境指示物种。只有生态环境逐渐改善，昆虫越来越多了，蝙蝠才会来到我们身边。如果蝙蝠飞进了家中，千万不要直接用手去抓，因为它们可能携带狂犬病毒，我们可以关灯、开窗，让它们自己飞出去。

正确答案是A，你答对了吗？

鸟中“哈士奇”

哈士奇（西伯利亚雪橇犬）是狗狗中当仁不让的“呆萌大明星”。其实，鸟类中也有“哈士奇”，它虽然不会拆家，但漫不经心、憨态可掬的样子一看就让人忍俊不禁，它就是鲸头鹳。

瞧，一只鲸头鹳正单腿站立在一棵倒木边。它低着头，宽大的嘴巴埋在胸前灰色的羽毛里。

过了一会儿，鲸头鹳将宽大的嘴巴从胸前的羽毛中抽出来，它缓慢地抬起头，用孤傲的眼神打量着周围的人，然后张开翅膀，半蹲着伸了个懒腰。那呆萌又迷糊的样子还真有点像哈士奇。不过，鲸头鹳比哈士奇可傲慢多了，它那不可一世的站姿，还有犀利中透着不屑的眼神，估计哈士奇见了也要望尘莫及。

请答题

鲸头鹳喙的构造有利于吃以下哪种动物？

A. 鲇鱼　B. 蛇

嘉宾观点

安安：我选A。鲸头鹳生活在水域附近，应该天生就爱吃鱼。

张博士的科学小课堂

鸟类的喙是非常重要的捕食器官，喙的结构决定它能有什么样的功能。鲸头鹳的嘴非常粗，使它善于抓一些体形较大的鱼。鲸头鹳主要吃肺鱼、六须鲇鱼，也会捕捉小鳄鱼、甲鱼、水蛇、蜗牛、青蛙等动物作为食物，但鱼还是鲸头鹳最主要的食物。

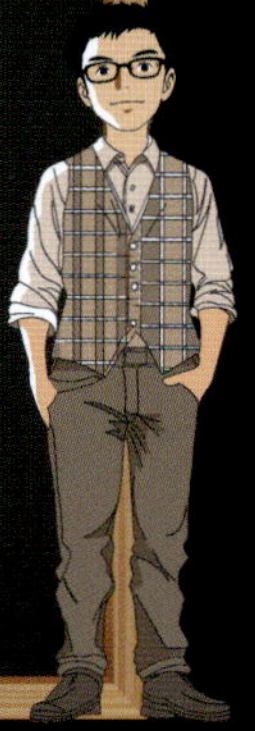

正确答案是A，你答对了吗？

运输长颈鹿

你知道吗？最近有一笔运输业务被所有快递公司拒绝了，他们想接又不敢接！到底是什么样的业务让快递公司这么无奈呢？原来，云南野生动物园要将四只小长颈鹿运往浙江湖州，小长颈鹿的新家就在那里。

好吧，既然快递公司不敢承接这项业务，那么云南野生动物园只能用自己的货车运送小长颈鹿了。动物观察员路伦一随管理员一起踏上了这趟漫长的旅程。

昆明到湖州的高速路总长约为 2400 千米，开车历时近 40 个小时，高速路上还有许多卡口是限高的，小路想知道，该怎样运输身高 2 米多的小长颈鹿呢？要想把它们安全送到目的地，工作人员该怎么做呢？

动物园为了保护这四只小长颈鹿的安全，专门制作了两个箱笼。每个箱笼高 3 米，内有十几平方米的空间，可以容纳两只小长颈鹿。箱笼的地面铺上了稻壳，方便小长颈鹿排泄；上部设计了透气格栅，还挂上了食槽，这可算是精装修的单间儿了。

长途旅行即将开始。一大早，工作人员先让四只小长颈鹿看看这单间儿，适应一下环境，再尝试用嫩叶和胡萝卜将小长颈鹿引到箱笼里。已经有三只小长颈鹿进笼了，只有一只还在外面观望。长颈鹿是非常胆小的动物，这不，正当工作人员要关上其中一个箱笼的门时，站在外面的小长颈鹿被门移动的声音吓到，掉头就跑，其他三只见势不妙，也跟着跑出了箱笼。

没办法，工作人员只好重新开始。他们在两只小长颈鹿进入其中一个箱笼后，先关上了笼门；另两只见状，直到中午也没敢进入箱笼。如果不能在下午 2 点前完成装笼工作，出发时间将至少推后一周才能进行。幸好，经过前一轮斗智斗勇，工作人员也积累了一定的经验，他们继续用美食诱惑，待剩下的两只小长颈鹿到位后，大门"砰"的一声关上啦！小路拿表一看，从开始装箱到结束装箱，整整用了 6 个小时。接下来，四只小长颈鹿的转移工作就要开始了。

起重机将两个箱笼缓缓吊到卡车上，货车载着四只小长颈鹿上路了，这真是一趟不寻常的旅程。工作人员时刻关注着箱笼里小长颈鹿的情况，丝毫不敢懈怠。经过几十个小时，四只小长颈鹿终于从云南昆明安全地转移到了浙江湖州。

这一路奔波，可把小路他们累坏了，但四只小长颈鹿可不觉得累。它们有工作人员的精心照顾，有一路的美景相伴，这些应该是很多像它们这么大的长颈鹿不曾有过的经历吧！

饲养员用美味作诱饵，引"鹿"入室。

请答题

为了让小长颈鹿在旅途中情绪稳定，饲养员会采取以下哪种措施？

A. 提供充足的食物　B. 箱笼开设观察孔

C. 提前喂晕车药

长颈鹿是世界上现存最高的陆生动物。它们头上的两只角被皮肤覆盖，舌头色深，有四个腔室的胃，是一种反刍动物。和其他哺乳动物一样，它们脖子部位的椎骨有7块，只是长得比较长，方便长颈鹿观察周围环境或吃高处树枝上的嫩叶。

嘉宾观点

小宇：我选B。万一小长颈鹿在箱笼里摔倒了怎么办？它们受伤了怎么办？饲养员总要观察一下吧！

小浩：我选A。饲养员准备好它们想吃的，让它们吃得饱饱的，就不会有太大问题。

资深科普达人杨毅：运输前我们需要测量长颈鹿的身高，以便确定箱笼的高度。长颈鹿是一种非常神经质的动物，在整个运输过程中需要保证有充足的食物和水，这样它们的心情会相对平稳，有利于运输。箱笼上开设的小孔主要用于吊起箱笼，并非给它们观看风景。长颈鹿的脖子很长，长途运输对它们的体能是一个考验，因此，提供食物不仅能让长颈鹿忘掉旅途的辛劳，也能及时为它们补充体力。

正确答案是A，你答对了吗？

主持人：你知道北京动物园里最爱抱怨的动物是谁吗？它是一种鸟，有着橘红色的漂亮羽毛，一出场就是一大帮……哈哈，你让我别卖关子？好吧，下面我们就请它说说自己的情况。

爱抱怨的红鹳

住集体宿舍的痛苦就是你不想说话，但是你无法阻止别人不说话，然而别人说的话你又不爱听……真是吵死了！我不是在啰唆，我是在陈述一个事实，什么？你不爱听？我管你爱不爱听，因为你同样无法阻止我说话。

你问我是谁？我是红鹳（亦称火烈鸟）啊！这火红的羽毛、高雅的姿态，你还认不出来吗？

我生活在北京动物园里，和一大群红鹳伙伴生活在一起。说真的，我真心不喜欢过集体生活，我性格孤傲，有点儿不合群，

我不喜欢其他红鹳在我身边哇哇乱叫。你说，有什么可叫的，每天不就是吃饭、睡觉这点事吗？整天吵个不停，真是烦躁。你说，我能找个单间儿住吗？这样清净一点。什么，单间儿价格很高？那算了，我想我可以再忍忍。

咦，刘哥怎么还没来？刘哥是我们红鹳的饲养员，对我们可好了，每天都会给我们送来食物。我们吃的可是自助餐，营养师专门给我们配备的，若刘哥觉得营养还不够，会再给我们加点小虾。那些小虾可真好吃，哎呀，说着说着我都要流口水了。

瞧，说刘哥，刘哥到！一见到他，大家都开始骚动起来。看我的这些伙伴一个个猴急的样子，我就想说它们几句：你们可是红鹳啊，怎么能像猴子一样呢？要庄重、要优雅、要……哎哟，别挤我啊！刚才还有队形，怎么现在插起队来了？我知道你们饿了，我也饿呀。真别怪我啰唆，就你们这争前恐后的样子，真给红鹳丢脸。

红鹳的喙内部长着毛刷似的结构

嗯，对了，让我看看今天都有什么菜。嘿，有小虾，小虾可以让我们羽毛的颜色更加火红、艳丽，刘哥懂我们！

开饭啦，开饭啦！我们这里的红鹳吃饭时会把饲养员准备好的食物掺进水里，然后用喙过滤进食。啧啧，你们狼吞虎咽的吃相也太难看了吧！我来给大家演示一下该如何优雅地吃饭：先用嘴轻轻把岸上的食物叼住，然后慢慢放进水里，接着……哇，真香，太好吃了，怎么这么好吃……哎呀，我刚才也有点失态了。

哎，可别嫌我啰唆，我是真不适应集体生活。刘哥，有没有单间儿呀？我需要单间儿……

什么，你也觉得我啰唆？行了，我不啰唆了，行了吧！

请答题

红鹳在水中过滤食物时，舌头起到什么作用？

A. 防止呛水　B. 运送食物

嘉宾观点

小宇： 我选 B。我觉得是否呛水与喉咙有关系，所以我认为舌头是用来运送食物的。

资深科普达人杨毅： 红鹳的生活环境比较恶劣，它们喝的水都是盐碱地的水，其盐度可达海水的三倍，但恰恰在这些盐水中有很多小的浮游生物。红鹳之所以能在这种环境中生存，是因为它们特殊的身体结构。它们有着长长的脖子，长长的腿，像鸭子一样的脚蹼。它们的脚掌除了可以划水，在进食的时候，还能在水中跳跃，像是跳踢踏舞似的，这样做是为了把淤泥中的浮游生物翻腾起来，便于进食。红鹳在水中取食，食物和水会同时进入它们的口中，它们会用舌头过滤掉水，食物就留了下来。防止呛水并不是由舌头完成的，而是由它们的咽喉完成的。

正确答案是 B，你答对了吗？

与熊同岛

北京时间凌晨 2 点 51 分，你应该早已进入梦乡，动物观察员张舒越却在黑瞎子岛登上了一艘小船，泛舟水面。黑瞎子岛位于黑龙江省抚远市黑瞎子岛镇，从中国地图上看处于“鸡冠”的位置，是祖国最早见到日出的地方。此时，东方的朝霞已经把这里的水面染红了。

凌晨 3 点，黑瞎子岛边境派出所的教导员徐旭和他的同事，伴随着东升的第一缕阳光，开始了一天的工作。他们的工作任务是边境管理、治安管理以及查禁私自捕鱼等。今天，徐警官要带张舒越检查的正是私自捕鱼的问题。

黑瞎子岛的渔业资源非常丰富，有国家级保护动物——达氏鳇。为了维持黑瞎子岛的原始生态，保护这里的珍稀鱼类，黑瞎子岛整个水域是全年禁渔的。虽然经过多年的教育宣传，大部分民众不会在禁渔区捕鱼了，但徐警官他们从未放松警惕。不论春夏秋冬，他们每天至少巡逻三次，一旦发现私船停留，就会发出警告。

岛内的小内河、小湖汊很多，经验丰富的徐警官开船来到一处湖汊巡查，他发现了露出水面的白色浮漂，它的下面就是渔网。随后，徐警官和张舒越收起渔网进行销毁，并将其中的鱼儿放生。

徐警官告诉张舒越，他们夏天能坐船巡逻，但到冬天，气温低至 −30℃，水面全都结了冰，只能靠步行巡逻，每天八个小时，一刻不敢停歇，因为一旦停下来，身上就会结冰。江上刚封冻时，清沟遍布，这是最危险的时候，稍有不慎，就会掉入水中。

中午，徐警官带张舒越回到派出所做短暂的休整。为了保护黑瞎子岛的原始生态，他们始终没有在岛上建设永久性营房，一住、办公的地方。板房内除了徐警官他们，还经常会迎来特殊的朋友——熊！

一说到熊，很多人会觉得害怕，毕竟这不是动画片里有点呆萌的熊大、熊二，熊可是位于食物链顶端的猛兽。人们常说“一猪二熊三老虎”，这句话并不是说野猪比老虎厉害，而是指动物的主动攻击性或对人类的危险性。野猪最容易攻击人，特别是受到伤害之后，会拼了命地攻击；熊也不逊色，排名比老虎还靠前。

黑瞎子岛原始生态保护得好，所以也会有熊出没。每当有熊到访派出所，警官们会怎么做呢？答案很简单：放一挂鞭炮来表示“欢迎”就行了。鞭炮的声音很响，人在猝不及防的时候，也会被吓一大跳，更别说动物了。这种“欢迎”方式既不会伤害到熊，又能起到威慑作用，保护警官们自身的安全。

张舒越发现，派出所的板房和平时见到的不太一样，它是悬空搭建的。这是为什么呢？

请答题

徐警官居住和办公的板房为什么要做成悬空的？

A. 防止野兽攻击　B. 防止涨水被淹没　C. 通风防潮

嘉宾观点

小丽： 我选B。我曾经不止一次在有水的地方见到过这种悬空的建筑。

小泽： 我选A。水应该涨不了两米高，熊可以爬楼梯，人打开窗户一放鞭炮，熊就吓得从楼梯上栽下去，不敢再靠近了。

小玉： 我选B。黑瞎子岛附近水域面积广阔，夏季涨水的可能性很大，所以防水是第一位的。

原来如此

徐警官： 以前我们搭建的板房也是落地的，但是由于常年被洪水淹没，无法正常办公，所以后来我们就搭建起悬空的板房。在涨水的时候，悬空的板房可以防止被水冲毁。

正确答案是B，你答对了吗？

鱼有毛吗

“乌苏里江来长又长，蓝蓝的江水起波浪……”告别了黑瞎子岛，向西南走了20千米后，我们的动物观察员张舒越唱着《乌苏里船歌》，泛舟在乌苏里江上。

乌苏里江的渔业资源非常丰富。张舒越从小在城市里长大，她的老家在乌苏里江流域。从小她就听奶奶说，家乡盛产“三花五罗”，但是“三花五罗”是何尊容，她真的分不清，于是，今天她打算去补上这一课。

小宇是乌苏里江远近闻名的捕鱼高手，他爷爷那一辈儿就以捕鱼为生，到他这儿已经是第三代了。小宇说，“三花”指鳌花

鳇鱼

鱼（鳜鱼）、鳊花鱼、鲫花鱼，“五罗”指法罗鱼、哲罗鱼、胡罗鱼、雅罗鱼和铜罗鱼。这些鱼因肉质鲜美而闻名全国。除了休渔期，其他时间渔民都是可以捕鱼的。

跟着高手出行，张舒越相信今天的探索之旅一定会收获满满。

凌晨3点，小宇就下了第一网，5点多，收网了。随着网绳收紧，鱼儿也一条条现身。哇，好大的胖头鱼，得有十几斤重，还有鳌花鱼、鳊花鱼、法罗鱼、鲫花鱼、红尾鱼……目不暇接的品种让所有人感受到拆盲盒的快乐。

小宇和张舒越又抓住了一条鱼。张舒越仔细观察，发现它长得好奇怪：长长的身体、尖尖的嘴巴、高耸的背鳍，还有两撇小胡子。

“这是鳇鱼，野生鳇鱼属于国家一级保护动物，是黑龙江省特有的保护物种，我们见到它都会放生的！”小宇告诉张舒越，以前因为经济条件差，大家捞什么卖什么；现在日子好了，大家认识到保护生态的重要性，不再捕捞被保护的动物，要给子孙后代留下更多的资源！

经过一个上午的忙碌，小宇满载而归，但他的工作并没有结束。作为新一代渔民，“渔网”对于他们来说有着非凡的意义，这里的“网”不仅指捕鱼的工具，还指互联网。

原来，在当地政府的支持下，小宇和几个年轻人组成了一支网络销售团队，通过互联网将乌苏里江的鱼和鱼副产品销售到全国各地，从而增加当地渔民的收入。

中午，赫哲族的曹大姐用小宇和张舒越捕捞的鱼做了一大桌美味佳肴。曹大姐指着自己烹制的菜肴，开心地介绍：“这个叫牛尾棒，这是胡罗，这是炖鲤鱼，这是赫哲族美食塔拉哈，这叫炒鱼毛……”

“炒鱼毛？”张舒越看到一盘焦黄色类似豆腐渣一样的菜品，百思不得其解。

大部分陆地哺乳动物都是长毛的，就连长毛杜鹃、毛桃、银毛冠等植物也长着细密的毛。张舒越有些纳闷儿，到底是什么鱼身上会长毛呢？曹大姐所说的“炒鱼毛”又是何种美食呢？

赫哲族的曹大姐准备了一桌丰盛的菜肴

请答题

赫哲族特色菜“炒鱼毛”的主要原料是什么？

A. 鱼皮　B. 鱼骨　C. 鱼肉

嘉宾观点

小丽： 我选C。“炒鱼毛”应该是像鱼肉松一样的东西。肉松是肉做的，“炒鱼毛”当然就是鱼肉做的啦！

小宇： 我选A。鱼皮可以被剁成条，剁得很细之后，就像毛一样了。

小泽： 我选A。我觉得炒鱼肉不能算赫哲族非常有特色的菜，鱼骨头太硬，也没法吃。

原来如此

鱼没有毛，“炒鱼毛”并非真的用鱼身上的毛来炒菜，而是赫哲族渔民发明的一道荤菜：人们将新鲜的鱼剁成块，放在蒸笼里蒸至鱼肉软烂，在高温的作用下，鱼肉的香气肆意飘散；蒸熟的鱼肉再经过五六个小时的小火翻炒，鱼肉中的水分不断蒸发，雪白的鱼肉就变成了色泽金黄、肉质蓬松、细如牛毛的“炒鱼毛”了。看，它是不是很像你平时吃的鱼肉松呢？

正确答案是C，你答对了吗？

鸠占鹊巢

动物观察员张舒越带我们来到了三江国家级自然保护区，它位于黑龙江和乌苏里江交汇的三角地带，属低冲积平原沼泽湿地，是东北亚鸟类迁徙途中的重要停歇点，也是东方白鹳的繁衍栖息地。今天，张舒越将跟随保护区的赵科长一起去搜寻东方白鹳的身影。

东方白鹳需要在高大的独木上筑巢，为了留住它们，自2015年起，保护区搭建了100多个人工鸟巢。在2020年春季鸟类调查中，人们监测到营巢的东方白鹳有75巢，种群数量约400只。可以说，这里是东北地区东方白鹳最大的繁殖地。

赵科长要去观测一只在2019年被保护区救助并放飞的东方白鹳。放飞时，人们在这只东方白鹳身上安装了卫星跟踪设备，但在近期的观测中，它的卫星信号消失了。为了了解它是否安全，赵科长决定去鸟巢附近走一遭。卫星跟踪设备只能监测到东方白鹳大致的生活区域，无法了解巢的具体位置，赵科长需要逐一排查。如果每个巢内都有东方白鹳，那么那只失联的东方白鹳再次受伤的可能性就不大了。

赵科长和张舒越乘坐快艇，来到第一个巢的观测点。通过望远镜，她们观察到这个巢里草料丰富，里面还有一只活泼好动的雏鸟。尽管她们在巢中没有看到成年东方白鹳的身影，但通过这只雏鸟，赵科长推测成鸟应该是健康、安全的。接着，两人步行蹚过湿地的深草丛，来到距第二个巢最近的观测点。她们拿望远镜看了好一会儿，发现这个巢里空空如也，心里不免有些忐忑，那只携带卫星跟踪设备的东方白鹳难道遭遇不测了？赵科长不愿就此放弃，她等待着，看看是否会有回巢的东方白鹳。

一直等到黄昏时分，一只东方白鹳才从远处飞回来。它姿态优雅、啼声清脆，围着巢飞了一圈，见周围没有异常，才安心回到巢里。赵科长那颗悬着的心也终于放了下来。

第一个巢中十分健康的东方白鹳幼鸟

在大自然中，“鸠占鹊巢”的现象时有发生，东方白鹳也会遇到类似的情况，占巢的通常是比它更强大的鸟！这不，张舒越和赵科长发现保护区中一个人工鸟巢有些异样，仔细一看，那个巢里住的竟是白尾海雕！原来，良好的生态环境和舒适的人工鸟巢是吸引白尾海雕在此“落户”的直接原因，而被赶走的东方白鹳又将何去何从呢？如果明年东方白鹳比白尾海雕早到一步，它能守住自己的巢吗？

请判断

如果明年东方白鹳比白尾海雕早到，就能够把巢穴抢回来。

A. 真的　B. 假的

嘉宾观点

小丽： 我认为是假的。因为白尾海雕是猛禽，东方白鹳打不过它，没有必要，也没有实力去跟人家抢。

小泽： 我认为是假的。如果东方白鹳来年早一点回来，看到它的巢被白尾海雕占了，它可以直接去其他没有鸟的巢中安家，不用和白尾海雕硬碰硬。

原来如此

这道题有两个重要的点，发现了这两点，也就能知道问题的答案了。首先，白尾海雕用过的巢会留下它独特的气味，东方白鹳是不敢去抢这个巢的；其次，保护区里搭建了100多个人工鸟巢，而营巢的东方白鹳有75巢，所以东方白鹳有很多别的人工鸟巢可以选择，用不着非得抢巢。

正确答案是B，你答对了吗？

海龟喜欢“洗刷刷”

丁利是海南师范大学生命科学学院的副教授，同时也是该校海龟救助站的骨干，2012 年毕业后，她一直从事海龟救助工作。现在，她和她的团队成员正前往陵水黎族自治县新村港的疍（dàn）家渔排，因为他们得到消息，有一只海龟被那里的渔民误捕了。疍家渔排里渔船密布，误捕海龟的情况偶有发生。

看到被误捕的海龟，丁老师初步判断它是红海龟。团队成员给这只海龟做了体检——长 53.2 厘米，宽 49 厘米，后肢有外伤，背甲附着许多藻类。接下来，他们把海龟带到救助站，继续观察和治疗。

海龟被人们转移到陵水野生动植物保护协会，丁老师和团队成员在海龟背甲上喷上碘酒消毒，给它洗澡刷背。背甲刷干净后，丁老师有些吃惊，因为她发现这只海龟看起来不像是普通的红海

龟——这只海龟的头比较大，有长条形的肋盾且不是五对，这是太平洋丽龟的特征！太平洋丽龟是海龟科丽龟属的一种，体态小巧，在中国极为罕见，数量相较于红海龟更加稀少，它很可能是远游而来的朋友。

在救助现场，丁老师不仅要辨别种类、处理海龟的伤口、采集化验用的体液样本，还要植入内标签。内标签相当于海龟的身份证，植入后，后期通过专用的扫描仪就可以知道这只海龟在别处的信息，不论是被误捕还是被放生，都会留下记录。

在海南师范大学的海龟救助站里，生活着从海南岛各地救助上来的 14 只海龟，包括绿海龟、红海龟、玳瑁等，它们会在这里完成诊治、疗养和康复，最终在合适的时机回到大海。救助站不仅要救助海龟，还要帮助人们了解海龟，了解这些美丽生灵与人类的密切关联。

当天，救助站还举办了一场公益科普活动，来参观的大人和孩子都兴致盎然，他们有的为海龟刷背，有的为海龟换水，有的画海龟，不断拓展有关海龟和海洋的知识面。在丁老师看来，救助海龟不仅是在保护动物，还是在促进人类与自然和谐相处。丁老师希望，人类和海洋生物能成为永久的朋友，因为保护海洋、保护海洋生物，其实就是在保护人类自己。

请答题

下面哪一项不是海龟的呼吸器官？

A. 皮肤　B. 肺　C. 肛囊

嘉宾观点

小张： 我选 A。海龟在水面上用肺呼吸，在水底下用肛囊呼吸。它通过微血管进行红细胞的交换并呼吸。

小泽： 我选 A。早期的两栖动物可以用皮肤呼吸，但是对于海龟来说，它的皮又厚又硬，而且它的演化也已经过了这个阶段，所以它不会用皮肤进行呼吸。

原来如此

海龟在水中栖息的时候，肛囊通过有节奏地收缩肛门附近的肌肉，使海水在肛门直肠和肛囊间进出，从海水中摄取氧气。在大多数时候，海龟会浮在海面上休息，暂时停止肛囊的呼吸作用，改用肺来呼吸。

正确答案是 A，你答对了吗？

海胆其实很胆小

海南省位于中国版图的南端，热带海洋资源丰富，海洋生物多样，在这里赶海称得上是一场奇幻之旅。赶海最让人快乐的事就是收获海鲜，不过，要是你没看清海底的情况，一脚踩到一只海胆上，那么它的尖刺就能立刻让赶海人“挂彩”！

海胆是海洋里一种古老的生物，与海星、海参是近亲。据科学考证，它们在地球上已有上亿年的生存史。海胆家族无比庞大，分布在世界各地。据统计，世界上有 900 种以上的海胆。我国常见的海胆种类有红海胆、紫海胆和马粪海胆。对于这些浑身是刺的小家伙，有人给它们取了个形象的名称，叫“刺头家族”。“刺头家族”的生命力顽强，繁衍能力极强，寿命甚至可以超过 200 岁，从浅海到深海都能见到它们的身影。

海南师范大学的张纪亮教授告诉我们，海胆多呈球形、盘形或心脏形；颜色较深，有绿色、橄榄色、棕色、紫色及黑色；身体结构比较简单，底部是它们的口面，顶部是它们的反口面。海胆口由肌肉骨板和牙齿组成，后面连接着它们的食道。虽然结构很简单，但它们属于高等棘皮动物，因为它们成功进化出了嘴巴和牙齿。

虽然海胆浑身是刺，名字里还有个“胆”字，但是它们特别胆小，一有风吹草动就会逃跑。

海胆有刺、有嘴、有牙齿，那么它们有脚吗？如果有，它的脚能帮助它们躲避天敌吗？

请判断

海胆能在海底行走。

A. 真的　B. 假的

嘉宾观点

小丽：我认为是真的。我潜水的时候见过海胆，虽然它们移动得慢，但是能用刺移动，它们的刺就相当于它们的脚。

小玉：我认为是真的。如果海胆不能移动，天天趴在一个地方，那它们肯定就饿死了。

原来如此

海胆一见到敌人，不是想着用刺去攻击对方，而是想着用刺来逃跑。海胆可以依靠刺和管足相互配合来缓慢行走，虽然不快，但是聊胜于无。

正确答案是A，你答对了吗？

大熊猫相亲记

每年三月，属于大熊猫的爱情故事就会拉开序幕。

雌性大熊猫一年只有一次发情期和排卵期，而且只有短短三到五天，错过一次就只能再等一年。想要增加大熊猫的数量，必须牢牢把握住这个时机。

每年这个时期，都是中国大熊猫研究中心的饲养员忙碌又开心的时刻，他们要充当大熊猫的红娘，时刻关注和记录雌性大熊猫的情况，帮助它们找到心仪的另一半。这红娘听起来虽好，当起来却十分不易，这不，刚刚成年的大熊猫“怡然”就遭遇了一场失败的相亲——大熊猫“白杨”是个英俊小伙儿，住在怡然隔壁。怡然早就对白杨暗生情愫，但白杨始终无动于衷，甚至在怡然向它打招呼时，还经常躲着怡然。最终，它们的相亲宣告失败。

为了让怡然赶上今年的繁殖期，饲养员又在它的隔壁安排了一只雄性大熊猫“香格”与它做伴。刚见面时，香格似乎对怡然没什么兴趣，转身离开了。难道今年怡然注定要孑然一身了吗？别急，咱们得耐心等待。过了一会儿，香格慢慢凑到怡然那边，原来刚才它是在害羞呢！经过一段时间的接触，饲养员发现它们处得不错，于是决定让它们共处一室，增进了解。

香格像是个什么都不懂的毛头小子，进到怡然的房间之后，竟然手

足无措地玩起了摔跤游戏。感情的事不能强求，饲养员只能耐心地鼓励香格，给它们更多相处的时间。在饲养员的撮合之下，香格和怡然终于“确认了眼神，遇上了对的人”，拥抱在了一起。

人工饲养的大熊猫谈个恋爱都如此艰难，那么对于野生大熊猫来说，就更不容易了。作为喜欢独居的动物，野生大熊猫要翻山越岭去寻找另一半，任何干扰因素都可能导致它们丧失当年的繁殖机会。这也是野生大熊猫种群数量增长缓慢的一个重要原因。

除了要翻山越岭，有时，雄性野生大熊猫在求偶时还需要进行同性对决。在陕西佛坪国家级自然保护区，人们就完整录下了一段大熊猫界的“比武招亲”视频。

女主角爬到树梢上，留出擂台，等待着最勇敢的心上人。快看，树下的情敌相遇了，两位竞争者打得不可开交，女主角在树上静观其变。一番大战之后，失败者落荒而逃，胜利者终于赢得美人归，它们将共同繁衍后代。

经过四五个月的孕育，新的小生命便会来到这个世界，延续大熊猫种族的未来与希望！

请答题

大熊猫是一夫一妻制吗？

A. 是　B. 否

嘉宾观点

小丽：我选 B。野生雌性大熊猫每年都可以交配一次，但它可不能保证每年来找它的雄性大熊猫都是同一只。

小泽：我选 B。每年“比武”的胜负都是不确定的，所以我觉得它们不是一夫一妻制。

小宇：我选 A。雌性大熊猫在交配期会在树干上留下自己的气息。雄性大熊猫对于这个味道一定终生难忘，怎么可能是一夫多妻或一妻多夫呢？

原来如此

中国科学院院士、中国科学院动物研究所研究员魏辅文：大熊猫并不是一夫一妻制。在野外，大熊猫既可以一夫多妻，也可以一妻多夫。

北京动物园饲养队大熊猫馆班长马涛：在动物园，大熊猫种群的管理工作自然有人的参与。在繁殖期到来前，全国的动物园会开一次“大熊猫种群繁殖方案会”，将适龄雌性大熊猫送往四川繁殖。延长外放时间可以增加它们与异性见面的机会。交配期时，人们会确认好“情侣”间的亲密度，安排笼舍并让它们实现自然交配。

正确答案是 B，你答对了吗？

主持人：不论是在野外还是在动物园，大熊猫的种群数量都是人们永远绕不开的话题。我国每十年就会组织一次全国范围内的大熊猫种群调查。

大熊猫守护记

在野生大熊猫的栖息地，有这样一群巡护员，他们与大熊猫为邻，用自己的双脚丈量着这片土地。

人类在野外看到大熊猫的概率并不大。野生大熊猫的嗅觉十分灵敏，一旦闻到陌生的气味就会立刻离开。巡护员通常会根据竹子是否被吃掉、有没有粪便等因素来判断野生大熊猫的踪迹。一提到动物粪便，大多数人都会掩鼻而过，但如果发现新鲜的大熊猫粪便，巡护员就要把它捡回来，以便科研人员检测，这是确定野生大熊猫种群数量最重要的依据。

为了感受巡护员的日常工作，中国科学院院士、中国科学院动物研究所研究员魏辅文教授给我们带来了三块野生大熊猫的粪便。魏教授掰开一块粪便，拿出里面一小节没消化掉的竹子，介绍道："我们把这个叫作'咬节'，它是鉴定大熊猫个体数量的重要标准。咬节的长短具有个体特征，在一定程度上能反映出大熊猫的年龄，如是幼体、亚成体、成体

野生大熊猫的粪便

还是老年大熊猫。不同年龄段的大熊猫，粪便中的咬节是不一样的。如果在同一个地区，两块粪便里的咬节长度不同，我们就可以认为这是两只大熊猫的粪便，这叫‘咬节鉴定法’。随着技术的发展，我们还可以用分子生物学的方法来鉴定——提取粪便里的 DNA（脱氧核糖核酸），如果不一样，也可以判定这是属于两只大熊猫的粪便。”

在我国，已有数千位巡护员年复一年地守护着野生大熊猫。陕西佛坪国家级自然保护区的三官庙管护站站长何义文就是大熊猫巡护员。工作二十多年的他，亲眼见到了不少野生大熊猫，他还记录下非常罕见的野生大熊猫在洞穴中抚育幼崽的画面。

“雌性大熊猫会选择洞口较窄但里面宽敞的树洞、岩洞产崽。2020 年 9 月，我们在日常巡护的时候，发现一只雌性大熊猫正躲在洞里养崽。它头朝外，我们刚走过去，它就紧紧地盯着我们，但也没有攻击我们。为了保证安全，我们一直与它保持三四米远的距离，没有打扰它。”

作为独居动物，只有在繁殖期和育幼期，巡护员才能看到两只大熊猫同时出现。为了减少竞争、避免族内近亲繁殖现象出现，平常独居的大熊猫会为爱迁移，出门谈恋爱。

每年的交配期，崇州附近的卧龙、蜂桶寨两大国家级自然保护区的野生成年大熊猫会跋山涉水、翻山越岭地来到鸡冠山，寻找自己的意中人，鸡冠山因此也被称为“野生大熊猫的相亲角”。

数十年间，无数巡护员历尽艰险、默默付出，终于完成了对野生大熊猫数量的四次大调查，还在陕西秦岭地区发现了世上仅有的几只棕色大熊猫，完成了“为大熊猫拍彩色照片”的夙愿，也为人类了解和研究大熊猫提供了更多可参考的信息。

一代代巡护员只有守护着这片土地，野生大熊猫才能稳定地扩大生存空间、繁衍种群。我们希望大熊猫和其他生活在这里的动物能安稳地生活于此，世代繁衍生息。

请答题

大熊猫的食性是（　　）。

A. 植食　B. 肉食　C. 杂食

嘉宾观点

小张：我选 A。我在刚才展示的大熊猫的粪便中没有发现肉食的痕迹。我还看到很多饲养员会给大熊猫投喂蔬菜、水果之类的食物，所以它应该是植食动物。

小泽：我选 C。动物的食性跟它的牙齿密切相关，如一些食草动物的臼齿会比较发达，犬齿相对退化。大熊猫的臼齿相较于别的肉食动物来说更发达，同时也保留了比较发达的犬齿，所以我觉得它的食性是杂食。

小丽：我选 A。大熊猫虽然名字里有“熊”字和“猫”字，但是既不像熊，也不像猫。熊和猫都喜欢吃肉，而大熊猫不一定有熊的武力，也没有猫的灵巧，毛色也很显眼，根本无法像熊和猫一样去捕食动物，所以就只能吃素了。

原来如此

中国科学院院士、中国科学院动物研究所研究员魏辅文：大熊猫的祖先可能是肉食性动物，但随着时间的推移，它的食性慢慢发生了变化。我们判断一种动物的食性，要看它饮食的主要成分，在野外，我们发现大熊猫 99% 都是吃竹子的，偶尔可能捡食一点点小动物的尸体，所以我们认为它是一种植食性动物。

正确答案是 A，你答对了吗？

机警的岩羊

何既白是一位出色的野生动物摄影师，作为四川省卧龙国家级自然保护区的野生动物观察员，为了拍摄动物，他常常凌晨三四点便起床了。你看，野生动物摄影师的工作非常不容易吧！

卧龙地区海拔 4300 米的高山上有大片的草甸和流石滩。初春，黄灿灿的报春花在寒风中抖擞身姿，裸露的岩石与一道道流水一样的碎石布满山头，这就是流石滩。在高山草甸和流石滩相交的环境中，生活着国家二级重点保护野生动物——岩羊。岩羊是一种警觉性很高的动物，它们的胆子很小，却敢在陡峭的石壁上上下攀登，如履平地。岩羊是群居动物，我们可以通过看它们的角来判断它们的性别：雌性岩羊的角短且直，雄性岩羊的角则长而弯。岩羊常年生活在高海拔地区，有时也会集体前往低海拔的地方。

请答题

岩羊去低海拔地区寻找什么？

A. 矿物质　B. 水源　C. 食物

嘉宾观点

小张：我选 C。森林是呈梯度分布的，海拔越低，植被越茂密，岩羊去低海拔地区，一定是为了寻找食物。

张博士的科学小课堂

岩羊是食草类动物，它们会在高海拔地区吃草甸上的草，但它们还需要很多矿物质，如氯化钠、无机盐等，这时，它们就得前往一些固定的含盐碱的地方获取。

正确答案是 A，你答对了吗？